浙江省普通高校"十三五"新形态教材

网络设备配置实训教程

主编 史振华

浙江大学出版社
ZHEJIANG UNIVERSITY PRESS

图书在版编目(CIP)数据

网络设备配置实训教程 / 史振华主编. —杭州：浙江大学出版社，2019.4（2025.1 重印）

ISBN 978-7-308-19036-7

Ⅰ.①网… Ⅱ.①史… Ⅲ.①网络设备—配置—高等学校—教材 Ⅳ.①TP393

中国版本图书馆 CIP 数据核字（2019）第 052728 号

网络设备配置实训教程
WANGLUO SHEBEI PEIZHI SHIXUN JIAOCHENG

史振华　主编

责任编辑	吴昌雷
责任校对	陈静毅　汪志强
封面设计	北京春天
出版发行	浙江大学出版社
	（杭州市天目山路 148 号　邮政编码 310007）
	（网址：http://www.zjupress.com）
排　　版	杭州林智广告有限公司
印　　刷	浙江新华数码印务有限公司
开　　本	787mm×1092mm　1/16
印　　张	13.5
字　　数	328 千
版 印 次	2019 年 4 月第 1 版　2025 年 1 月第 4 次印刷
书　　号	ISBN 978-7-308-19036-7
定　　价	45.00 元

版权所有　翻印必究　印装差错　负责调换

浙江大学出版社市场运营中心联系方式：（0571）88925591；http://zjdxcbs.tmall.com

前　言

随着计算机网络技术的日益普及,网络技术已被人们逐渐认识和重视,培养熟练掌握网络技术的高技术技能人才是当前社会发展的迫切需要。网络设备配置技术是网络系统集成、网络管理与维护过程中常用的核心技术,在计算机网络技术中占据着越来越重要的地位。网络设备配置技术是一门实践性很强的课程,必须在学习理论知识的同时,通过大量的实际操作训练才能掌握技能,取得较好的学习效果。因此,很多高职院校都将网络设备配置技术作为一门重要的专业必修课程。

本书在编写过程中,以强化学生的网络设备配置技能训练为主线,参考国家网络工程师等相关职业资格标准,吸收网络设备配置的最新技术,从实用角度出发精心选择教学内容;以"工作过程系统化"的高职课程开发思路为指导,按照"理论够用、重在实践、由简及繁、循序渐进"的原则,精心组织教学内容;以适合"教、学、做"一体化的教学模式实施为原则,将技术知识和操作步骤融为一体,组成了一系列功能上相对独立、技能上逐次递进的项目化教学模块;通过实训任务引领,把专业技能训练渗透到每一个环节,体现在每一个步骤中,使学生看得懂、学得会、用得上。

本书基于高职院校学生的认知规律特点和能力进阶过程来设计课程的教学内容,按照构建园区网络的任务要求来组织教学内容。全书共分为十二个教学项目:网络设计与 IP 地址规划设计、交换机的基本配置与管理、网络广播风暴的隔离与控制、三层网络设备实现 VLAN 间通信、配置交换机端口聚合链路、静态路由的配置、动态路由的配置、配置访问控制列表实现安全访问、网络设备中网络地址转换功能的配置、PAP 与 CHAP 认证的配置、DHCP 和 DHCP 中继的配置、中小型企业网络构建与调试等。十二个项目内容由易到难、由简到繁、层层递进。学生通过项目的学习和训练,能够达到熟练掌握路由器、交换机的配置技能,能够根据需求组建企事业单位网络。

本书为浙江省"十一五"重点建设教材《网络设备配置实训教程》的改版教

材。本书优化了部门章节内容,调整了部分章节内容,新增"PAP 与 CHAP 认证的配置"和"DHCP 和 DHCP 中继的配置"内容,删除了"交换网络中冗余链路备份与负载均衡的实现""配置虚拟路由器冗余功能"和"锐捷防火墙的配置"内容。改编后的教材更聚焦于路由器和交换机的配置技能。本书所有的项目已制作成微课视频和 PPT,与教材配套的课程"网络设备配置技术"被立项为浙江省在线开放课程,已在浙江省在线开放平台(http://zjedu.moocollege.com)上线,有兴趣的同学可以进行注册学习。

本书中编写的各项目工作任务示例均已在锐捷设备和 Packet Tracer 模拟器通过了验证。附录中详细介绍了 Packet Tracer 模拟器的使用。

本书由史振华主编,陈兰生任副主编。其中,项目一由陈兰生编写;项目二和项目三由傅彬编写;项目四由宣凯新编写;项目五由谢森祥编写;项目六由徐伟编写;项目七至项目十二由史振华编写。胡翔洋参与了本书部分实训的测试。全书由史振华统稿,由陈兰生审定。本书在编写的过程中参考了许多相关文献,在此一并表示感谢。

由于作者水平有限,错误和不足之处在所难免,敬请广大读者指正,编者邮箱:shizhenhua@sxvtc.com。

编者

2019 年 3 月

课程介绍

目 录

项目一 园区网络设计与 IP 地址规划 ·· 1
   1.1 项目内容 ·· 1
   1.2 相关知识 ·· 2
      1.2.1 网络的层次化拓扑结构设计及其特点 ·· 2
      1.2.2 网络设备选型 ·· 3
      1.2.3 IP 地址与子网掩码 ··· 4
      1.2.4 IP 地址分类 ·· 4
      1.2.5 子网掩码划分网络的方法 ··· 5
      1.2.6 子网掩码划分网络示例 ·· 6
      1.2.7 IP 地址规划原则 ·· 7
   1.3 工作任务示例 ·· 7
   1.4 项目小结 ·· 11
   1.5 理解与实训 ·· 11

项目二 交换机的基本配置与管理 ··· 13
   2.1 项目内容 ·· 13
   2.2 相关知识 ·· 13
      2.2.1 初识交换机 ·· 13
      2.2.2 交换机工作原理 ·· 14
      2.2.3 交换机管理方式 ·· 18
      2.2.4 交换机的配置模式及其基本配置命令 ····································· 21
   2.3 工作任务示例 ·· 26
   2.4 项目小结 ·· 29
   2.5 理解与实训 ·· 30

项目三 网络广播风暴的隔离与控制 ··· 32
   3.1 项目内容 ·· 32
   3.2 相关知识 ·· 32
      3.2.1 冲突域与广播域 ·· 33
      3.2.2 VLAN 概念 ·· 34
      3.2.3 VLAN 的优点 ··· 35
      3.2.4 VLAN 的划分方法 ··· 35
      3.2.5 VLAN Trunk 技术 ·· 35
      3.2.6 VLAN 的基本配置命令 ··· 37
   3.3 工作任务示例 ·· 38
   3.4 项目小结 ·· 42

3.5　理解与实训 ………………………………………………………………… 42

项目四　三层网络设备实现 VLAN 间通信 …………………………………………… 44
　　4.1　项目内容 …………………………………………………………………… 44
　　4.2　相关知识 …………………………………………………………………… 44
　　　　4.2.1　VLAN 间通信的原理 …………………………………………………… 45
　　　　4.2.2　单臂路由器工作原理 …………………………………………………… 45
　　　　4.2.3　用于配置单臂路由器的相关命令 ……………………………………… 46
　　　　4.2.4　三层交换概念 …………………………………………………………… 47
　　　　4.2.5　三层交换机工作原理 …………………………………………………… 48
　　　　4.2.6　交换机虚拟接口 SVI 的概念 …………………………………………… 48
　　　　4.2.7　三层交换机与路由器的区别 …………………………………………… 49
　　　　4.2.8　用于配置三层交换的相关命令 ………………………………………… 49
　　4.3　工作任务示例 ……………………………………………………………… 50
　　　　4.3.1　示例1：单臂路由器实现 VLAN 间通信 ……………………………… 50
　　　　4.3.2　示例2：三层交换机实现 VLAN 间通信 ……………………………… 53
　　4.4　项目小结 …………………………………………………………………… 57
　　4.5　理解与实训 ………………………………………………………………… 57

项目五　配置交换机端口聚合链路 …………………………………………………… 60
　　5.1　项目内容 …………………………………………………………………… 60
　　5.2　相关知识 …………………………………………………………………… 60
　　　　5.2.1　端口聚合的概念 ………………………………………………………… 60
　　　　5.2.2　端口聚合的优点 ………………………………………………………… 61
　　　　5.2.3　用于配置端口聚合的相关命令 ………………………………………… 61
　　5.3　工作任务示例 ……………………………………………………………… 63
　　5.4　项目小结 …………………………………………………………………… 67
　　5.5　理解与实训 ………………………………………………………………… 67

项目六　静态路由的配置 ……………………………………………………………… 70
　　6.1　项目内容 …………………………………………………………………… 70
　　6.2　相关知识 …………………………………………………………………… 70
　　　　6.2.1　路由器的基本概念 ……………………………………………………… 70
　　　　6.2.2　路由表的概念 …………………………………………………………… 72
　　　　6.2.3　路由器工作原理 ………………………………………………………… 73
　　　　6.2.4　静态路由与默认路由 …………………………………………………… 73
　　　　6.2.5　路由器基本配置命令和静态路由配置命令 …………………………… 74
　　6.3　工作任务示例 ……………………………………………………………… 76
　　6.4　项目小结 …………………………………………………………………… 81
　　6.5　理解与实训 ………………………………………………………………… 81

项目七 动态路由的配置 ·· 84

- 7.1 项目内容 ··· 84
- 7.2 相关知识 ··· 84
  - 7.2.1 动态路由的概念 ·· 85
  - 7.2.2 动态路由与静态路由的区别 ··· 85
  - 7.2.3 动态路由协议的分类 ·· 85
  - 7.2.4 RIP 路由协议的基本概念 ·· 86
  - 7.2.5 RIP 路由协议的工作原理 ·· 86
  - 7.2.6 RIPv1 与 RIPv2 的区别 ·· 88
  - 7.2.7 RIP 路由协议配置命令 ··· 88
  - 7.2.8 OSPF 路由协议的基本概念 ·· 89
  - 7.2.9 OSPF 路由协议的工作原理 ·· 90
  - 7.2.10 OSPF 与 RIP 路由协议的区别 ·· 91
  - 7.2.11 OSPF 路由协议配置命令 ·· 92
- 7.3 工作任务示例 ··· 93
  - 7.3.1 示例 1：在路由器中配置动态路由 RIPv2 ·································· 93
  - 7.3.2 示例 2：在单区域路由器中配置动态路由 OSPF ·························· 98
- 7.4 项目小结 ··· 102
- 7.5 理解与实训 ·· 102

项目八 配置访问控制列表实现安全访问 ·· 105

- 8.1 项目内容 ··· 105
- 8.2 相关知识 ··· 105
  - 8.2.1 访问控制列表的概念 ·· 106
  - 8.2.2 访问控制列表的工作原理 ·· 106
  - 8.2.3 访问控制列表的分类 ·· 107
  - 8.2.4 标准 IP 访问控制列表配置命令 ··· 107
  - 8.2.5 扩展 IP 访问控制列表的概念 ·· 110
  - 8.2.6 扩展 IP 访问控制列表配置命令 ··· 110
- 8.3 工作任务示例 ··· 112
  - 8.3.1 示例 1：配置标准 IP 访问控制列表实现安全访问 ······················ 112
  - 8.3.2 示例 2：配置扩展 IP 访问控制列表实现安全访问 ······················ 118
- 8.4 项目小结 ··· 124
- 8.5 理解与实训 ·· 124

项目九 网络设备中网络地址转换功能的配置 ·· 127

- 9.1 项目内容 ··· 127
- 9.2 相关知识 ··· 127
  - 9.2.1 NAT 的概念 ··· 128
  - 9.2.2 NAT 工作过程与基本术语 ·· 128
  - 9.2.3 NAT 的实现方式 ·· 130

   9.2.4 NAT 的特点 …………………………………………………… 130
   9.2.5 NAT 基本配置命令 ………………………………………… 131
   9.2.6 NAPT 的概念与工作过程 ………………………………… 133
   9.2.7 NAPT 的基本配置命令 …………………………………… 134
  9.3 工作任务示例 ………………………………………………………… 137
  9.4 项目小结 ……………………………………………………………… 144
  9.5 理解与实训 …………………………………………………………… 144

项目十　PAP 与 CHAP 认证的配置 ……………………………………………… 147

  10.1 项目内容 …………………………………………………………… 147
  10.2 相关知识 …………………………………………………………… 147
   10.2.1 PPP 协议的概念 ………………………………………… 147
   10.2.2 PPP 协议的特点 ………………………………………… 148
   10.2.3 PPP 协议的组成 ………………………………………… 148
   10.2.4 PPP 协议的会话过程 …………………………………… 149
   10.2.5 PAP 验证 ………………………………………………… 150
   10.2.6 PAP 基本配置命令 ……………………………………… 150
   10.2.7 CHAP 验证 ……………………………………………… 153
   10.2.8 CHAP 基本配置命令 …………………………………… 154
  10.3 工作任务示例 ……………………………………………………… 158
  10.4 项目小结 …………………………………………………………… 166
  10.5 理解与实训 ………………………………………………………… 166

项目十一　DHCP 和 DHCP 中继的配置 ………………………………………… 169

  11.1 项目内容 …………………………………………………………… 169
  11.2 相关知识 …………………………………………………………… 169
   11.2.1 DHCP 协议的概念 ……………………………………… 169
   11.2.2 DHCP 协议的特点 ……………………………………… 170
   11.2.3 DHCP 的工作原理 ……………………………………… 170
   11.2.4 DHCP 基本配置命令 …………………………………… 171
   11.2.5 DHCP 中继 ……………………………………………… 174
   11.2.6 DHCP 中继配置命令 …………………………………… 175
  11.3 工作任务示例 ……………………………………………………… 177
  11.4 项目小结 …………………………………………………………… 183
  11.5 理解与实训 ………………………………………………………… 184

项目十二　中小型企业网络构建与调试 …………………………………………… 186

  12.1 项目基础条件与功能要求 ………………………………………… 186
  12.2 项目实施内容 ……………………………………………………… 187

附　录　Packet Tracer 模拟器的使用 …………………………………………… 200

项目一

园区网络设计与 IP 地址规划

教学目标

1. 了解园区网络的组成结构；
2. 了解园区网络的表示方法；
3. 了解网络设备选型的方法；
4. 理解 IP 地址与子网掩码；
5. 掌握 IP 地址规划的方法；
6. 掌握园区网络拓扑结构设计的方法。

1.1 项目内容

某学校占地 500 亩，设有教学楼、行政楼、实验楼、图书馆、宿舍楼等建筑，共有学生近万人。为了满足信息现代化建设的需要，学校需要建设一套支持校园实现信息化教育和管理的系统，该系统能提供互联网公共服务、校园教学与行政管理、多媒体教学等多项功能。

为了确保校园网络的关键应用系统能安全、正常运行，校园网络必须满足如下功能要求：

（1）校园网络能够满足教学信息化的要求，为教学提供方便、快捷的信息服务；

（2）在整个校园网络内能够实现网络互通、资源共享；

（3）校园网络具有良好的性能，具有可管理、易操作的特点；

（4）校园网络拥有易于升级维护的特点，以便于未来对网络设备的升级维护；

（5）校园提供网络安全机制，满足校园信息安全的要求，具有较高的安全性，能有效地防止黑客的入侵和病毒的攻击。

为了满足以上这些网络应用功能的要求，校园园区网络主要由各类交换机、路由器、防火墙、服务器、PC 机等网络设备和终端设备组成。

本项目的内容是分析校园网络的各种功能需求，科学合理地设计出集团校园网络的总体组成的结构、具体设备选型、服务器的部署，以及 IP 地址的规划，并以网络拓扑结构图的形式将校园网络总体组成的结构设计表达出来，同时，以表格的方式将网络中 IP 地址的规划方案设计出来。

1.2 相关知识

园区网络拓扑结构的设计和 IP 地址规划是网络系统集成工作中的第一项任务,也是进行网络设备配置的原始依据和工作的基础。园区网络拓扑结构的设计和 IP 地址规划的合理性关系到企业网络运行的稳定性、高效性和安全性,关系到企业网络是否能为企业应用程序和服务提供支持,是否能让用户可以访问企业业务运作所需的各种资源。为此,我们需要先了解网络的层次化拓扑结构及其特点、网络设备选型、IP 地址与子网掩码的划分、IP 地址规划原则等知识。

1.2.1 网络的层次化拓扑结构设计及其特点

为了使网络工作更有效率,便于管理,普遍采用"核心层、汇聚层、接入层"的层次化架构来组建各类高速园区网络系统。在这个系统中,用不同的图标来表示各类网络设备,用直线来表示各种网络设备之间的逻辑连接关系,用这种方法将网络系统表示出来的图被称为"层次化网络拓扑结构图",图 1.1 显示了一个层次化网络拓扑结构的示意图。把用物理网络设备搭建起来的实际网络系统用这种抽象的图形要素表达出来的过程称为网络的层次化拓扑结构设计。

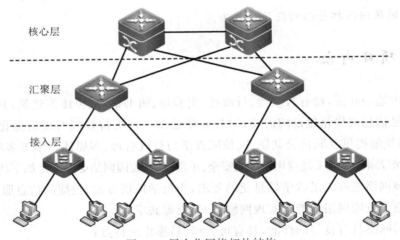

图 1.1 层次化网络拓扑结构

在这种层次化的网络系统中,每一层设备都执行特定的功能和应用程序,同时为其他各层提供服务,互相协调工作带来最高的网络性能,这是设计各种规模的企业园区网络,并实施高效管理的首选方法。

网络拓扑结构的层次化设计有以下优点:

(1)结构简单:将网络分成许多小单元,降低了网络的整体复杂性,使故障排除或扩展更容易,能隔离广播风暴的传播、防止路由循环等潜在问题。

(2)升级灵活:网络容易升级到最新的技术,升级任意层的网络不会对其他层次造成影响,无须改变整个环境。

(3) 易于管理：层次结构降低了设备配置的复杂性，使网络更容易管理。

层次化网络拓扑结构中各层的功能与特点如下：

核心层的功能：主要完成网络中的数据高速转发任务，同时核心设备承担着整个网络的转发任务，因此核心层需要具备高可靠、可冗余、能快速升级等特点，以保证网络数据的高速转发和网络的稳定性。

核心层的特点：可提供冗余。核心层的冗余有两方面。一方面是提供和汇聚层之间的连接线路的冗余；另一方面是核心设备本身的冗余。通常核心层会有多台设备冗余，当一台设备发生故障时，可以及时地切换到另一台核心设备，不会因为核心设备的故障导致全网瘫痪，从而提高网络的稳定性。

汇聚层的功能：可以通过 VLAN 来划分广播域，更重要的是，可以利用三层功能实现接入层中不同网段间的通信，以减轻核心层转发不同网段数据的压力，并且汇聚层可以采用 ACL 等安全技术实现某网段或某几个网段的安全访问策略，即工作组级的安全访问控制。

汇聚层的特点：可提供冗余。汇聚层提供冗余主要是提供和核心层连接的线路冗余，采用的技术主要有 MSTP、VRRP、OSPF 等，从而使得当汇聚层到核心层的一条链路发生故障时能很快地切换到另一条线路上使用，从而保证网络的稳定性。

接入层的功能：提供网络端口使终端用户能够接入网络，并且可以运用 ACL、优先级设定、带宽交换和端口安全等技术来部署接入、优化网络资源，同时建立工作组主机和汇聚层的联系。

接入层的特点：可以实现多用户接入控制，限制用户对网络的访问。划分独立的冲突域隔离用户之间的广播。

1.2.2 网络设备选型

网络设备的选择与各网络层次需要提供的功能有关。因此，确定了网络的层次结构后，在相应的网络层次选择合适的网络设备显得非常重要。在网络设备选型时要尽量选择设备性能稳定、可靠，产品知名度和性价比高的产品，目前主要选择思科、华为、H3C、锐捷和神州数码的产品。

网络设备选型

接入层需要提供二层数据的快速转发，支持多用户的接入，提供和链路层设备连接的高带宽设备，支持访问控制列表、端口安全等安全功能，保证安全接入，支持网络远程管理。可满足这些需要的设备主要是安全二层交换机，以锐捷交换机为例，如 RG-S2600、RG-S2900、RG-S2910 等系列交换机。

汇聚层需要提供不同 IP 网络之间的数据转发，高效的安全策略管理能力，提供高带宽链路，支持提供负载均衡和自动冗余链路，支持远程网络管理等功能。由于需要提供 IP 网络之间的数据转发，因此满足这些需要的是三层交换机，以锐捷交换机为例，如 RG-S3760、RG-S5750、RG-S6100 等系列交换机。

核心层设备需要提供高速数据交换、高稳定性、路由功能，以及提供数据负载均衡和自动冗余链路等功能。以锐捷交换机为例，如 RG-S7800、RG-S8600、RG-S12000、RG-S18000 等系列交换机。

1.2.3 IP 地址与子网掩码

在网络中,网络硬件设备连接好以后,此时网络还不能投入运行,需要对网络设备进行各种参数的设置,这个工作叫作"网络的软连接"。在设置网络设备参数时,一个必须用到的重要参数就是 IP 地址与子网掩码。下面介绍 IP 地址与子网掩码的概念及其计算方法。

IP 地址与子网掩码

IP 地址由 32 位的二进制数组成,用于在 TCP/IP 通信协议中标记每台计算机的地址。每台联网的 PC 上都需要有 IP 地址才能正常通信。我们可以把"个人电脑"比作"一部电话",那么"IP 地址"就相当于"电话号码"。通常我们把 IP 地址每 8 位二进制数(即 1 个字节)分为一组,用一个十进制数表示,中间用点隔开,这种表示方法称为点分十进制,如 192.168.1.100。也就是说 IP 地址有两种表示形式:二进制和点分十进制,即 11000000 10101000 00000001 01100100 (192.168.1.100)。

由于 1 个字节所能表示的最大十进制数为 255,因此 IP 地址中每个字节可以是 0 至 255 之间的值。但 0 和 255 有特殊含义:255 代表广播地址,0 用于指定网络地址号(若 0 在地址末端)或主机地址(若 0 在地址开始)。例如,192.168.1.0 指网络 192.168.1.0,而 0.0.0.100 指主机地址为 100。

子网掩码同样也以 4 个字节来表示,是 32 位二进制数值,对应于 IP 地址的 32 位二进制数值。在子网掩码中"1"表示网络号,"0"表示主机号。

子网掩码的作用是用来区分网络上的主机是否在同一网络区段内,或者说,子网掩码用来区分 IP 地址的网络号和主机号。如 IP 地址为 192.168.10.118,子网掩码 255.255.255.0,表示其网络地址为 192.168.10.0,主机地址为 118。

1.2.4 IP 地址分类

IP 地址根据网络 ID 的不同分为 A、B、C、D、E 五类,如图 1.2 所示。

A 类地址:范围为 0~127,0 是保留的并且表示所有 IP 地址,而 127 也是保留的地址,并且是用于环回测试。因此 A 类地址的范围其实是从 1 至 126 之间。如:10.0.0.1,第一个字节为网络号,剩下的三个字节为主机号。转换为二进制来说,一个 A 类 IP 地址由 1 字节

图 1.2 IP 地址分类

的网络地址和3字节的主机地址组成,网络地址的最高位必须是"0",地址范围从1.0.0.1到126.255.255.254。可用的A类网络有126个,每个网络能容纳1亿多个主机(2的24次方的主机数目),子网掩码为255.0.0.0。

B类地址:范围为128~191,如172.168.1.1,前2个字节为网络号,剩下的2个字节为主机号。转换为二进制来说,一个B类IP地址由2个字节的网络地址和2个字节的主机地址组成,网络地址的最高位必须是"10",地址范围从128.0.0.1到191.255.255.254。可用的B类网络有16382个,每个网络能容纳6万多个主机,子网掩码为255.255.0.0。

C类地址:范围为192~223,如192.168.1.1,前3个字节为网络号,剩下的最后1个字节为主机号。转换为二进制来说,一个C类IP地址由3字节的网络地址和1字节的主机地址组成,网络地址的最高位必须是"110"。范围从192.0.0.1到223.255.255.254。C类网络可达209万余个,每个网络能容纳254个主机,子网掩码为255.255.255.0。

D类地址:范围为224~239,D类IP地址第一个字节以"1110"开始,它是一个专门保留的地址。它并不指向特定的网络,目前这一类地址被用在多点广播(multicast)中。多点广播地址用来一次寻址一组计算机,它标识共享同一协议的一组计算机。

E类地址:范围为240~255,以"11110"开始,保留为将来使用。

国际规定有一部分IP地址是专门留给局域网使用的,称为私网IP,这些IP地址不能在公网中使用的。私网IP的范围是:
- 10.0.0.0~10.255.255.255
- 172.16.0.0~172.31.255.255
- 192.168.0.0~192.168.255.255

IP地址中还有一些特殊的IP地址,比如全零地址(0.0.0.0)表示任意的IP地址。全1地址(255.255.255.255)表示全网广播。

1.2.5 子网掩码划分网络的方法

子网掩码划分网络的方法

用子网掩码划分网络的原因是在早期设计Internet时工程师没有考虑到网络技术发展得如此迅猛,认为32位的IP地址是足够用的,因为32位IP地址大概有43亿个IP地址,但是随着连入Internet的设备越来越多,现在IP地址不够用了。分配给大公司一般是A类、B类的网段,IP地址众多,如果不进行合理的规划将会浪费大量的IP地址。

划分子网的目的是为了提高IP地址的使用效率。采用借位的方式,从主机位最高位开始借位变为新的子网位,所剩余的部分则仍为主机位。这使得IP地址的结构分为三级地址结构:网络位、子网位和主机位。

划分子网掩码前,IP地址为"网络号、主机号"的二级结构。

网络号	主机号

划分子网掩码后,IP地址为"网络号、子网号、主机号"的三级结构。

网络号	子网号	主机号

子网掩码划分网络首先要确定划分的子网数量或者主机数量。其次是利用 $2^n>=x$ (n 为子网位数，x 为子网数量) 或 $2^n-2>=x$ (n 为主机位数，x 为主机数量) 公式求出子网位数或者主机位数。最后算出子网掩码和每个子网能够容纳的主机数量。

【例 1-1】 有一个 C 类网段 192.168.20.0，要划分 7 个子网，每个子网要求容纳尽可能多。请问子网掩码是多少？每个子网能容纳多少台主机？

解析：确定要划分七个子网，利用公式 $2^n>=7$，求出 $n>=3$，每个子网要求容纳尽可能多，则取 $n=3$，意味着子网位为 3。因为是 C 类网段，主机位为 8，则新的主机位为 $8-3=5$ 位。子网掩码为 11111111.11111111.11111111.11100000＝255.255.255.224。主机位为 5，则每个子网能够容纳 $2^5-2>=30$ 台主机。减去 2 个是因为主机位为全 0 和全 1 的不能用，全 0 代表网段，全 1 代表广播。

【例 1-2】 有一个 C 类网段 192.168.30.0 需要划分子网，每个子网至少容纳 12 台主机。请问最多可以划分多少个子网？子网掩码是多少？

解析：利用公式 $2^n-2>=12$（注意算主机位要减去全 0 和全 1），求出 $n>=4$，要求划分子网尽可能地多则取 $n=4$，意味着主机位为 4。因为是 C 类网段，主机位为 8，则子网位为 $8-4=4$ 位。子网掩码为 11111111.11111111.11111111.11110000＝255.255.255.240。子网位为 5，则每个子网能够容纳 $2^4=16$ 个子网。

1.2.6 子网掩码划分网络示例

子网掩码划分网络示例

若某公司有 5 个部门 A 至 E，其中 A 部门有 10 台计算机，B 部门有 20 台计算机，C 部门有 30 台计算机，D 部门有 15 台计算机，E 部门有 25 台计算机。请使用 192.168.10.0/24 为各部门划分单独的网段。

解析：192.168.10.0/24 是一个 C 类网段，"/24"表示子网掩码中 1 的个数是 24 个，也就是 255.255.255.0。要划分子网，必须制定每一个子网的掩码规划，也就是要确定每一个子网能容纳的最多的主机数。显然，要以拥有主机数量最多的部门为准。

本例中 C 部门拥有的主机数量最多，为 30 台，使用公式 $2^n-2>=30$，得出 $n=5$，即主机位数为 5，子网位数为 $8-5=3$。所以子网掩码为 11111111.11111111.11111111.11100000，转换成十进制数为 255.255.255.224。

在确定了掩码后，就要确定每一个子网的具体地址段。

(1) 确定子网号。子网号的位数为 3，3 位子网号共有 8 种组合（000、001、010、011、100、101、110、111）可以使用。

因此，我们可以为 A 部门分配的网络号 192.168.10.0/27，为 B 部门分配的网络号 192.168.10.32/27，为 C 部门分配的网络号 192.168.10.64/27，为 D 部门分配的网络号 192.168.10.96/27，为 E 部门分配的网络号 192.168.10.128/27。

网段 192.168.10.160/27、192.168.10.192/27、192.168.10.224/27 保留为以后使用。

(2) 确定子网地址范围。注意主机号全 0 和全 1 不能使用，主机号全 0 代表网络号，主机号全 1 代表广播。

A 部门主机地址范围为：

192.168.10.00000001～192.168.10.00011110，即 192.168.10.1～192.168.10.30，子网掩

码为 255.255.255.224,网段共有 30 个地址,可以满足 A 部门 10 台主机的需要。

B 部门主机地址范围为:

192.168.10.00100001～192.168.10.00111110,即 192.168.10.33～192.168.10.62,子网掩码为 255.255.255.224,网段共有 30 个地址,可以满足 B 部门 20 台主机的需要。

C 部门主机地址范围为:

192.168.10.01000001～192.168.10.01011110,即 192.168.10.65～192.168.10.94,子网掩码为 255.255.255.224,网段共有 30 个地址,可以满足 C 部门 30 台主机的需要。

D 部门主机地址范围为:

192.168.10.01100001～192.168.10.01111110,即 192.168.10.97～192.168.10.124,子网掩码为 255.255.255.224,网段共有 30 个地址,可以满足 D 部门 15 台主机的需要。

E 部门主机地址范围为:

192.168.10.10000001～192.168.10.10011110,即 192.168.10.129～192.168.10.158,子网掩码为 255.255.255.224,网段共有 30 个地址,可以满足 E 部门 25 台主机的需要。

192.168.10.160/27～192.168.10.254/27 网段可以作为公司今后使用。

1.2.7　IP 地址规划原则

随着公网 IP 地址日趋紧张,中小企业往往只能得到一个或几个公网 C 类 IP 地址。因此,在企业内部网络中,只能使用私有 IP 地址段。在选择私有 IP 地址时,应当注意以下几点:

(1) 为每个网段都分配一个 C 类 IP 地址段,建议使用 192.168.2.0～192.168.254.0 段 IP 地址。由于某些网络设备(如宽带路由器或无线路由器)或应用程序(如 DHCP)拥有自动分配 IP 地址功能,而且默认的 IP 地址池往往位于 192.168.0.0 和 192.168.1.0 段,所以在采用该 IP 地址段时,往往容易导致 IP 地址冲突或其他故障。因此,应当尽量避免使用上述两个 C 类地址段。

(2) 可采用 C 类地址的子网掩码,如果有必要,可以采用可变长子网掩码。通常情况下,不要采用过大的子网掩码,每个网段的计算机数量都不要超过 250 台计算机。同一网段的计算机数量越多,广播包的数量越大,有效带宽就损失得越多,网络传输效率也越低。

(3) 即使选用 10.0.0.1～10.255.255.254 或 172.16.0.1～172.31.255.254 段 IP 地址,也建议采用 255.255.255.0 作为子网掩码,以获取更多的 IP 网段,并使每个子网中所容纳的计算机数量都较少。

(4) 为网络设备的管理 VLAN 分配一个独立的 IP 地址段,以避免发生与网络设备管理 IP 的地址冲突,从而影响远程管理的实现。基于同样的原因,也要将所有的服务器划分至一个独立的网段。

1.3　工作任务示例

某集团公司占地 200 亩,设有经理部、行政部、财务部、人事部、业务部、生产部等部门。集团总部共有员工1000多人。为了加快信息化建设,集团公司需要建设一个能支持集团办公自动化、电子商务、业务综合管理、多媒体视频会议、远程通信、信息发布及查询等核心业务应用,能将集团的各种办公室、多媒体会议室、PC终端设备、应用系统通过网络连接起来,实现内、外沟通的现代化企业园区网络系统,作为支持办公自动化、供应链管理、ERP以及各应用系统运行的基础设施。这个网络覆盖的工作区域与信息端口分布如表1.1所示。

表 1.1 信息点分布

部门名称	信息点个数	备注
经理部	20	需保证速度、流量和可靠性
行政部	150	需保证速度、流量和可靠性
财务部	100	需保证速度、流量和安全性
人事部	30	需保证速度和可靠性
业务部	200	需保证速度和可靠性
生产部	200	需保证速度和可靠性
职工宿舍	800	需保证速度和流量
总计	1500	

为了确保公司的关键应用系统能安全、正常地运行,企业园区网络必须满足如下功能要求:

(1) 公司网络能够满足集团信息化的要求,为各类应用系统提供方便、快捷的信息通路;

(2) 在整个公司网络内实现所有部门的办公自动化,提高工作效率和管理服务水平;

(3) 在整个公司内实现资源共享、产品信息共享、实时新闻发布;

(4) 公司网络具有良好的性能,能够支持大容量和实时性的各类应用;

(5) 公司网络能够可靠运行,具有较低的故障率和维护要求;

(6) 公司提供网络安全机制,满足集团信息安全的要求,具有较高的性价比,未来升级扩展容易,保护用户投资。

任务目标

1. 根据集团需求设计出公司网络拓扑结构图。
2. 做出与公司网络拓扑结构图相对应的IP地址规划。

具体实施步骤

步骤1 设计集团公司网络拓扑结构。

我们按照层次结构模型来设计集团公司网络拓扑结构,即"核心层、汇聚层和接入层"。采用层次模型之后,各层次各司其职,不再在同一个平台上考虑所有的事情。层次模型模块化的特性使网络中的每一层都能够很好地利用带宽,减少了对系统资源的浪费。层次化设计使得网络结构清晰明了，可以在不同的层次实施不同难度的管理，降低了管理成本。按照这个思路设计出的集团公司网络拓扑结构如图 1.3 所示。

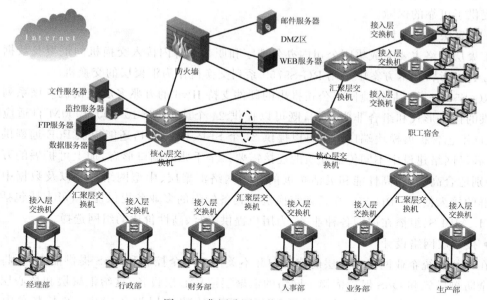

图 1.3　集团公司网络拓扑结构

具体各层功能的设计说明如下。
- 核心层网络设计

核心层网络主要完成整个集团公司内部的高速数据交换和路由转发，以及维护全网路由的计算。传统解决方案一般采用"骨干路由器＋核心交换机"来组建，但这种方式受限于交换机的性能，在提供 MPLS VPN 的业务能力方面较弱，不适合集团公司网络的建设需求，因此本方案核心层网络设备采用锐捷网络公司的 RG-S9600 系列核心交换机作为集团公司生产办公网络的核心交换设备。

RG-S9600 是锐捷网络公司推出的面向十万兆平台设计的下一代超高密度多业务 IPv6 核心路由交换机，满足未来以太网络和城域网的应用需求，支持下一代的以太网 100G 速率接口。RG-S9600 系列超高密度多业务 IPv6 核心路由交换机提供 9.6T/4.8T 背板带宽，并支持将来更高带宽的扩展能力，高达 3571Mpps/1786Mpps 的二/三层包转发速率可为用户提供高密度端口的高速无阻塞数据交换。RG-S9600 具有强大的业务和路由交换处理能力，能提供如 MPLS VPN、QoS、策略路由、NAT、PPPoE/Web/802.1x/L2TP 认证等丰富业务能力，并可通过内置防火墙模块实现各种强大的网络安全策略，可以充分满足集团公司网络的高速数据交换和支持多业务功能的要求，并能够提供完善的安全防御策略，保障集团公司网络的稳定运行。

在核心层网络设计中，我们采用两台 RG-S9600 核心交换机组成一个环形多机热备份的系统解决方案。为提高核心网络的健壮性，实现链路的安全保障，核心层环网中可以采用 VRRP（虚拟路由器冗余协议）。对于各个业务 VLAN 可以指向这个虚拟的 IP 地址作为网关，因此应用 VRRP 技术为核心交换机提供一个可靠的网关地址，以实现在核心交换机之间进行设备的硬件冗余,一主一备,共用一个虚拟的 IP 地址和 MAC 地址,通过内部的协议传输机制可以自动进行工作角色的切换,进而通过双引擎、双电源的设计为网络高效处理大数据提供了可靠的保障。

- 汇聚层网络设计

汇聚层网络主要完成集团公司内办公楼宇和职工宿舍内接入交换机的汇聚及数据交换和 VLAN 终结,在本方案中采用 RG-S5750 系列交换机作为汇聚层的交换机。

RG-S5750 系列是锐捷网络公司推出的硬件支持 IPv6 的万兆多层交换机。该系列交换机提供的接口形式和组合非常灵活,既可以提供 24 个或 48 个 10/100/1000M 自适应的千兆电口(不包含扩展模块端口),又可以提供 24 个 SFP 千兆光口,还能提供 PoE 远程供电的接口,满足网络建设中不同传输介质的连接需要。全千兆的端口形态,加上可扩展的万兆端口,特别适合高带宽、高性能和灵活扩展的大型网络汇聚层、中型网络核心以及数据中心服务器群的接入使用。RG-S5750 系列交换机都具备较强的多业务提供能力,可支持包括智能的 CCL、MPLS、组播在内的各种业务,为用户提供丰富、高性价比的组网选择。

- 接入层网络设计

在以往传统企业网络接入层的建设中并不关注于安全控制和 QoS 提供能力,而将网络的安全防御措施和 QoS 保障依赖于网络的汇聚层或核心层设备,这给汇聚层和核心层设备带来了巨大的压力,往往内网病毒泛滥成灾后导致核心层设备宕机,在本方案中采用 RG-S2900系列交换机作为接入层的交换机。

RG-S2900 系列交换机是锐捷网络推出的全千兆安全智能二层交换机,适用于园区网络的接入层,提供千兆到桌面的解决方案。凭借高性能、高安全、多业务、易用性的特点,融入 IPv6 的特性,使得 RG-S2900 系列可广泛应用于各行业的千兆网络。在提供高性能、高带宽的同时,S2900 交换机还提供智能的流分类、完善的服务质量(QoS)和组播应用管理特性,并可以根据网络的实际使用环境,实施灵活多样的安全控制策略,有效防止和控制病毒传播和网络攻击,控制非法用户接入和使用网络,保证合法的用户合理化地使用网络资源,充分保障了网络高效安全、网络合理化使用和运营。

- 广域网接入设计

在广域网接入设计中,选用了锐捷网络公司的 RG-WALL 1600 防火墙。

RG-WALL 1600 防火墙是面向云计算、数据中心和园区及企业网出口用户开发的新一代高性能防火墙设备。RG-WALL 防火墙采用了最新的多核体系架构,实现防火墙性能的跨越式突破。可以广泛应用于政府、运营商、金融、教育、医疗、军队、企业等行业的万兆及千兆网络环境。配合锐捷网络的交换机、路由器产品,可以为用户提供完整的端到端解决方案,是网络出口和不同策略区域之间安全互联的理想选择。

RG-WALL 防火墙采用锐捷网络自主开发的 RGOS 和独创的 HiSpeed 算法使得它的高速性能不受策略数和会话数多少的影响;同时,在内核层处理所有数据包的接收、分类、转发工作,因此不会成为网络流量的瓶颈。

RG-WALL 防火墙面向法规和人本,基于"人本网络",实现"智能感知"。能实现基于用户、资源、应用的访问控制。RG-WALL 防火墙采用 RG-Slab 锐捷网络安全研究组最新发表的 HiSpeed 安全处理算法,突破硬件处理器对应用层安全检测的性能瓶颈,能以高性能提供

IPS、行为监管、反垃圾邮件模块。支持深度状态检测、外部攻击防范、内网安全、流量监控、邮件过滤、网页过滤、应用层过滤等功能,能够有效地保证网络的安全;提供多种智能分析和管理手段,支持邮件告警,支持多种日志,提供网络管理监控,协助网络管理员完成网络的安全管理;支持 GRE、L2TP、IPSec 和 SSL 等多种 VPN 业务,可以构建多种形式的 VPN;提供强大的路由能力,支持 NAT、静态/RIP/OSPF/路由策略及策略路由;支持双机状态热备,支持 Active/Active 和 Active/Standby 两种工作模式以及丰富的 QoS 特性,充分满足客户对网络高可靠性的要求。

步骤 2 集团公司 IP 地址规划(表 1.2)。

表 1.2 IP 地址分配

部门名称	信息点个数	VLAN 编号	IP 地址范围	子网掩码	网关
经理部	20	VLAN 10	192.168.10.1~192.168.10.254	255.255.255.0	192.168.10.254
行政部	150	VLAN 20	192.168.20.1~192.168.20.254	255.255.255.0	192.168.20.254
财务部	100	VLAN 30	192.168.30.1~192.168.30.254	255.255.255.0	192.168.30.254
人事部	30	VLAN 40	192.168.40.1~192.168.40.254	255.255.255.0	192.168.40.254
业务部	200	VLAN 50	192.168.50.1~192.168.50.254	255.255.255.0	192.168.50.254
生产部	100	VLAN 60	192.168.60.1~192.168.60.254	255.255.255.0	192.168.60.254
服务器组	6	VLAN 100	192.168.100.1~192.168.100.254	255.255.255.0	192.168.100.254
男职工宿舍	600	VLAN 70	172.168.10.1~172.16.30.254	255.255.0.0	172.16.30.254
女职工宿舍	200	VLAN 80	192.168.80.1~192.168.80.254	255.255.255.0	192.168.80.254

1.4 项目小结

园区网络拓扑结构按照"核心层、汇聚层和接入层"这几个层次来设计。核心层主要是实现冗余能力、可靠性和高速的传输。汇聚层提供和核心层连接的线路冗余并且能提供大的带宽。接入层提供本地与远程工作组和用户网络接入,它应该具备即插即用特性以及易于维护的特点。

1.5 理解与实训

选择题

1. C 类 IP 地址的网络位数是(   )。
A. 24   B. 23   C. 22   D. 18
2. 下面哪项是 IP 地址表示形式?(   )
A. 二进制   B. 八进制

C. 十六进制 D. 以上都不正确
3. 关于 IP 地址的分类，B 类地址为（　　）？
   A. 0～127　　　　　　　　　　B. 128～191
   C. 192～223　　　　　　　　　D. 224～239
4. 因为 192.168.10.0/30 是一个 C 类网段，所以说它的子网掩码是多少？（　　）
   A. 255.255.255.249　　　　　B. 255.255.255.252
   C. 255.255.255.255　　　　　D. 255.255.255.256
5. 某企业网络管理员需要设置一个子网掩码将其负责的 C 类网络 211.110.10.0 最少划分为 10 个子网，请问可以采用多少位的子网掩码进行划分？（　　）
   A. 25　　　　B. 26　　　　C. 27　　　　D. 28
6. 园区网络拓扑结构中通常分为（　　）？
   A. 核心层、聚合层、接入层　　B. 核心层、汇聚层、接入层
   C. 核心层、汇聚层、接口层　　D. 双核层、汇聚层、接入层
7. 172.16.22.38/27 地址的广播地址为（　　）。
   A. 172.16.22.61　　　　　　　B. 172.16.22.62
   C. 172.16.22.63　　　　　　　D. 172.16.22.64
8. 现要将 C 类 192.168.10.0 网络划分 13 个子网掩码，求可以容纳的主机数为（　　）。
   A. 12　　　　B. 13　　　　C. 14　　　　D. 15
9. 二进制表示的子网掩码：11111111.11111111.11111111.11110000 用点分十进制来表示是（　　）。
   A. 225.255.255.240　B. 255.255.255.0　C. 255.255.255.252　D. 255.255.255.254

填空题

1. 子网掩码中＿＿＿＿表示网络，＿＿＿＿表示主机号。
2. 172.16.22.38/27 地址的子网掩码为＿＿＿＿＿＿＿＿＿＿＿＿，该子网可容纳主机数为＿＿＿＿＿。
3. IP 地址 202.112.14.137，子网掩码为 255.255.255.224 的广播地址为＿＿＿＿。

问答题

1. 采用层次化网络结构的优点有哪些？
2. 网络结构层次有哪几层？各层的功能和特点是什么？
3. IP 地址规划原则是什么？

项目二

交换机的基本配置与管理

教学目标

1. 了解交换机工作原理；
2. 熟悉交换机管理方式；
3. 掌握交换机各配置模式之间的切换方法；
4. 掌握配置交换机全局参数的方法；
5. 掌握配置交换机端口常用参数的方法；
6. 掌握配置交换机端口安全功能，控制用户安全接入的方法；
7. 掌握查看交换机系统配置信息、交换机当前工作状态的方法。

2.1 项目内容

有一家从事纺织品加工的企业，其内部局域网主要由多台桌面型以太网交换机连接而成。受桌面型以太网交换机性能所限，内部网速和安全性较差。随着企业业务发展和规模逐渐扩大，领导对内部网络性能提出了更高的要求。为此，企业新购入了一批可网管的交换机。若你是该企业的网络管理员，需要对交换机进行合理配置和管理，使其尽快投入使用。本项目的内容是通过使用交换机的基本配置命令，实现对企业交换机的基本配置与管理。

2.2 相关知识

为了对新购置的交换机进行合理的配置和管理，网络管理员需要了解桌面型以太网交换机与可网管交换机的区别，理解交换机工作原理，掌握交换机基本配置命令的使用方法。

2.2.1 初识交换机

在了解局域网中的交换机(switch)之前，不得不先提一下早期的以太网联网设备——集线器(hub)。交换机和集线器虽然都属于局域网连接设备，但两

初识交换机

者的工作原理和性能差异很大。集线器属于共享带宽设备。集线器在接收到数据后不会检测数据类型和校验其正确性，也不具备判断数据包目标地址的功能，而只是简单地将数据包广播到所有端口。例如一个带宽为 100Mbps 的 8 口集线器，其带宽将被 8 个端口共享使用。

交换机属于独享带宽设备。交换机在接收到数据后首先将其进行存储，然后根据数据帧目的地址查找地址表，并将数据包发送到指定的端口。例如一个带宽为 1000Mbps 的 24 口交换机，其每个端口都享有独立的 1000Mbps 带宽。

桌面型以太网交换机功能简单、价格便宜，主要用于普通办公室和家庭用户。一个小型桌面型以太网交换机的正面如图 2.1 所示。

图 2.1　小型桌面型以太网交换机

可网管交换机的外形与桌面型以太网交换机基本相同，不同的是可网管交换机具有端口监控、划分 VLAN 等许多桌面型交换机不具备的特性。它可以提供端到端的服务质量，通过多种内在的安全机制可有效防止和控制病毒传播，控制非法用户使用网络，保证合法用户合理使用网络等许多桌面型交换机不具备的功能。一台交换机是否为可网管交换机，也可从外观上分辨出来。为了便于连接到计算机，可网管交换机的正面或背面一般有一个串口或并口，通过串口电缆或并口电缆把交换机和计算机连接起来。网管型交换机的任务就是使所有的网络资源处于良好的状态。网管型交换机产品提供了基于终端控制口(console)、基于 Web 页面以及支持 Telnet 远程登录网络等多种网络管理方式，网络管理人员可以选择任一方式对交换机进行参数配置，对它的工作状态、网络运行状况进行实时监控。图 2.2 为锐捷网络公司生产的可网管交换机的一个实物图。

图 2.2　锐捷可网管交换机

2.2.2　交换机工作原理

以太网交换机是工作在 OSI 参考模型数据链路层的设备，它通过判断数据链路帧(DLC)的目的 MAC 地址，选择合适的端口，并将数据帧从所选端口发送出去。交换机可以将网络分割成多个冲突域，交换机的冲突域仅局限于交换机的一个端口上。

交换机工作原理

交换机的主要功能为：地址学习、帧的转发/过滤、消除回路。

（1）地址学习：以太网交换机了解每一端口下连设备的 MAC 地址，并将地址映射到相应端口后一起存放在交换机缓存中的 MAC 地址表中。

（2）帧的转发/过滤：当一个数据帧的目的地址在 MAC 地址表中有映射时，它被转发到连接目的节点的端口而不是所有端口（如该数据帧为广播/组播帧则转发至所有端口）。

（3）消除回路：当交换机包括一个冗余回路时，以太网交换机通过生成树协议避免回路的产生，同时允许存在后备路径。这部分内容将在后续项目中进行讲解。

1. 交换机的 MAC 地址学习过程

在交换机中都有一个 MAC 地址表，该 MAC 地址表的功能主要有两个：

（1）跟踪连接到交换机上的设备，建立设备与交换机之间的对应关系。

（2）当接收到一个数据帧后，通过 MAC 地址表可以决定将该数据帧转发到哪个端口。

对于一台刚刚接入到网络中的交换机，它的 MAC 地址表是空白的，将这种工作状态的交换机称为初始化状态交换机，如图 2.3 所示。

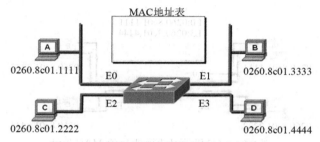

图 2.3　初始化状态交换机的 MAC 地址表

如果 MAC 地址为 0260.8c01.1111 的计算机 A 要向 MAC 地址为 0260.8c01.2222 的计算机 C 发送数据，这时交换机需要执行以下的操作过程：

（1）交换机从与计算机 A 相连的 E0 端口接收到数据帧，并暂时保存在交换机的缓存中。

（2）因为交换机此时还处于初始化状态，它不知道要将数据帧发送到哪个端口，所以这时交换机只能通过泛洪操作，将该数据帧转发到除 E0 端口外的其他所有端口上。

（3）交换机已经知道计算机 A 连接在交换机的 E0 端口上，并在 MAC 地址表中保存一个计算机 A 与交换机端口 E0 的映射关系，E0：0260.8c01.1111，如图 2.4 所示。

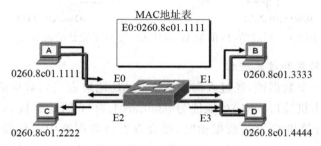

图 2.4　交换机学习计算机 A 的 MAC 地址

通过学习，交换机在 MAC 地址表中建立了一条设备 MAC 地址与端口的映射关系。交换机的学习过程将继续，MAC 地址为 0260.8c01.4444 的计算机 D 要发送数据给 MAC 地址为 0260.8c01.2222 的计算机 C，这时交换机还需要进行以下的操作：

(1) 交换机从与计算机 D 相连的 E3 端口接收到数据帧，并暂时保存在交换机的缓存中。

(2) 交换机在 MAC 地址表中查找有没有与计算机 C 相对应的地址映射。这时因为交换机中只有一个与计算机 A 相对应的地址映射，所以此时交换机还无法利用 MAC 地址表将数据转发给计算机 C。这时交换机只能通过泛洪操作将数据转发给除与计算机 D 相连的 E3 端口外的其他所有端口。

(3) 当该数据帧转发到计算机 C 时，因为该数据帧的目标地址与它的 MAC 地址是完全吻合的，所以它会接收此数据帧，而其他的计算机都不会接收此数据帧。但这时交换机已经学习到了计算机 D 的 MAC 地址，并在 MAC 地址表中建立一个计算机 D 的 MAC 地址与端口 3 的映射关系，E3：0260.8c01.4444，如图 2.5 所示。

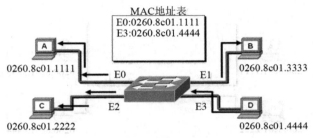

图 2.5　交换机学习计算机 D 的 MAC 地址

如果学习过程继续下去，并且每个端口连接的设备都至少发送了一次数据帧，这时交换机的 MAC 地址表将会全部建立起来，即交换机每个端口与所连接设备 MAC 地址的映射关系会全部建立在交换机的 MAC 地址表中，如图 2.6 所示。

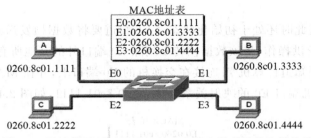

图 2.6　通过学习，在 MAC 地址表中建立了完整的映射关系

2．交换机帧的转发和过滤过程

当交换机接收一个数据帧，经过查询交换机 MAC 地址表找到对应的目的地址时，数据帧被转发到相应的主机接口。MAC 地址为 0260.8c01.1111 的计算机 A 要向 MAC 地址为 0260.8c01.2222 的计算机 C 发送数据帧时，便会查看该数据帧中目标设备的 MAC 地址信息，然后在 MAC 地址表中查找该 MAC 地址。当发现该 MAC 地址信息后，便会根据映射关系将数据帧通过对应的端口发送给目标设备（计算机 C），其他端口对该数据帧不进行任

何操作,如图 2.7 所示。具体发送过程如下:

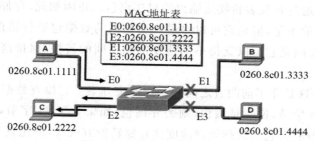

图 2.7 交换机转发过滤过程

(1)交换机从 E0 端口接收到由计算机 A 发送过来的数据帧。

(2)交换机查看该数据帧的地址信息,发现该数据帧的目标 MAC 地址为 0260.8c01.2222(计算机 C 的 MAC 地址)。

(3)交换机在 MAC 地址表中发现,已经有 0260.8c01.2222 的地址信息和该 MAC 地址与端口 E2 建立的映射关系。

(4)交换机将该数据帧直接转发给 E2 端口,并且保证该数据帧没有转发给交换机的其他端口(如 E1 和 E3),这个过程称为数据帧的过滤。交换机只会将接收到的数据转发给与目标设备连接的端口,而不会转发给其他任何一个端口。

广播和组播是网络中除单播之外的另外两种通信方式,对于这两类数据帧,当交换机接收到时会通过泛洪的方法转发给除发出端口外的所有其他端口,如图 2.8 所示。这是因为交换机从来不学习广播和组播地址,或者说交换机的 MAC 地址表中不存在广播和组播地址。广播地址是一种特殊形式的地址:FFFF.FFFF.FFFF。

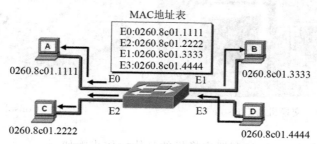

图 2.8 交换机广播或组播数据帧

3. 交换机三种交换方式

(1)直通式:直通方式的以太网交换机可以理解为在各端口间是纵横交叉的线路矩阵电话交换机。当它在输入端口检测到一个数据包时,检查该包的包头,获取包的目的地址,启动内部的动态查找表转换成相应的输出端口,在输入与输出交叉处接通,把数据包直接转发到相应的端口,实现交换功能。由于不需要存储,所以它的延迟非常小、交换非常快,这是它的优点。它的缺点是因为数据包内容并没有被以太网交换机保存下来,所以无法检查所传送的数据包是否有误,不能提供错误检测能力。由于没有缓存,不能将具有不同速率的输入/输出端口直接接通,而且容易丢包。

(2)存储转发:存储转发方式是计算机网络领域应用最为广泛的传输方式。它把输入端口的数据包先存储起来,然后进行 CRC(循环冗余码校验)检查,在对错误包处理后才取出数据包的目的地址,通过查找表转换成输出端口送出包。正因如此,存储转发方式在数据处理时延时大,这是它的不足,但是它可以对进入交换机的数据包进行错误检测,有效地改善网络性能。尤其重要的是它可以支持不同速度的端口间的转换,保持高速端口与低速端口间的协同工作。

(3) 碎片隔离:这是介于前两者之间的一种解决方案。它检查数据包的长度是否够 64 个字节,如果小于 64 字节,说明是假包,则丢弃该包;如果大于 64 字节,则发送该包。这种方式也不提供数据校验。它的数据处理速度比存储转发方式快,但比直通式慢。

2.2.3 交换机管理方式

交换机管理方式

交换机的管理主要有:通过 Console 端口、利用 Telnet 远程登录和 WEB 页面管理等三种管理方式。本项目主要介绍利用 Console 端口和 Telnet 登录方式进行管理。

如图 2.9 所示,可网管的交换机一般都有一个 Console 端口,它是我们对一台新出厂的交换机进行初次配置时必须使用的端口。连接 Console 口与计算机 COM 口之间的线缆被称为 Console 电缆,如图 2.10 所示。

图 2.9　交换机的 Console 口　　　　图 2.10　Console 电缆

使用 PC 机通过 Console 口配置交换机的具体操作步骤如下:

(1) 利用 Console 电缆将 PC 机的 COM 口和交换机的 Console 口进行连接,如图 2.11 所示。

图 2.11　PC 机通过 Console 电缆与交换机相连

(2) 在 PC 机上,单击"开始→程序→附件→通讯→超级终端"选项。打开如图 2.12 所示的对话框。设置新连接名称,如"Switch"。单击"确定",打开如图 2.13 所示的对话框。在

"连接时使用"列表框中,选择 PC 连接交换机 Console 口的 COM 口,本例为连接到 COM1 口。单击"确定"后,进入如图 2.14 所示的画面。

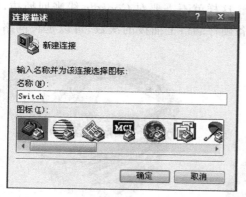

图 2.12　设置超级终端名称

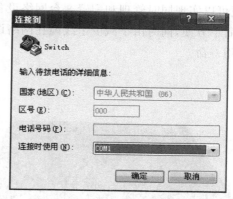

图 2.13　设置超级终端连接端口

（3）在图 2.14 所示的对话框中,配置 COM1 口的属性,每秒位数:9600,数据位:8,奇偶校验:无,停止位:1,数据流控制:无,也可以单击"还原为默认值",参数即可自动设置为上述参数。单击"确定"后,将登录进入"交换机配置界面",如图 2.15 所示。在该界面里输入配置命令,就可以开始对交换机的配置过程。

图 2.14　设置 COM 端口参数

图 2.15　交换机配置界面

目前几乎所有的交换机、路由器等都是通过 Console 口来进行管理和配置的,也称为异步口登录配置。如果是在实训室中做配置训练,则由于做一次网络实训,可能要涉及多台交换机、路由器等网络设备,每次都要把连接在 PC 的 COM 口上的控制线插到涉及的网络设备的 Console 口上,非常不方便。因此需要一种好的方法,能够同时控制多台网络设备,可以同时管理多台网络设备,且在做完一组网络实训后,还能把网络设备上的配置全部清空。针对这些实训需求,锐捷公司推出了网络实验室机架控制和管理服务器（RG-RCMS）。RG-RCMS很好地满足了上述这些要求。RG-RCMS 包含两款设备:RG-RCMS-8 和 RG-RCMS-16,分别可以同时管理和配置 8 和 16 台网络设备。

RG-RCMS-8(图 2.16)提供 8 条控制台线缆,俗称"八爪线",如图 2.17 所示。将八爪线中的每条线缆连接到每台网络设备的 Console 口,学生 PC 机只要通过网络登录到 RCMS 上,便可以实现同时管理和配置 8 台网络设备。这样就不需要对 Console 线来回插拔,使用起来简单方便,同时由于减少了线缆在网络设备硬件端口上插拔的次数,可以延长网络设备的使用寿命。

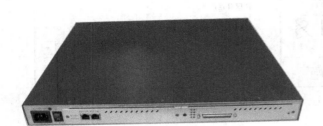
图 2.16 锐捷 RG-RCMS-8

图 2.17 八爪线

RCMS 采用反向 Telnet 方式,能够灵活地对一组实验设备进行配置和管理,并提供一个 Web 页面来显示集中控制的网络设备。在浏览器的地址栏上,输入 RCMS 服务器的地址,并且指定访问的端口为 8080,则可以访问 RCMS 页面。在该页面上,列出了 RCMS 上所有的异步线路,及其所连接的网络设备。如果一个网络设备是可以访问的,则在图标上及名称上出现超链接,点击需要登录的网络设备就可以弹出一个 Telnet 客户端。如果已经有用户连接到该设备,则该设备变为灰色,不可点击。

下面通过一个示例来说明 PC 机通过 RCMS 配置和管理网络设备的具体操作过程。

(1) PC 机在 IE 浏览器里输入 RCMS 服务器的管理 IP 地址,端口设为 8080,如:http://192.168.1.18:8080,如图 2.18 所示。

图 2.18 登录 RCMS 服务器

(2) 单击要登录的网络设备后,会弹出超级终端或提示符显示登录到该设备,如图 2.19 所示。在试验中可以同时登录多个网络设备,但是如果在 RCMS 页面上有的网络设备显示的链接为灰色,则不可以登录,表示该设备已被其他用户所控制。当设备配置完成后,注意要关闭设备的配置窗口,释放相关设备,以便他人可以使用。

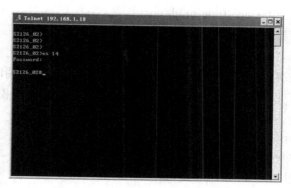

图 2.19　利用 RCMS 登录到交换机

2.2.4　交换机的配置模式及其基本配置命令

交换机在配置状态下,根据所配置参数的作用权限,分成用户模式、特权模式、全局配置模式、端口配置模式这四种配置模式。各种模式下所能进行的配置动作和输入的参数是有严格限制。各模式之间存在"层次递进"关系,可以通过命令相互转换。具体的配置命令以命令行的方式输入。

交换机基本配置命令

(1) 用户模式,即登录到交换机后进入的第一个操作模式。在该模式下,可以简单查看交换机的软、硬件版本信息,并进行简单的测试。

用户模式的提示符为 Switch＞

(2) 特权模式,即在用户模式下,使用 enable 命令进入的下一级模式。在该模式下,可以对交换机的配置文件进行管理,查看交换机的配置信息,进行网络的测试和调试,等操作。

操作示例:交换机从用户模式转进到特权模式的命令序列如下。

① Switch＞ enable

② Switch#

特权模式的提示符为 Switch#

(3) 全局配置模式,即在特权模式下,使用 configure terminal 命令转进的下一级模式。在该模式下,可以配置交换机的全局性参数,如主机名、登录信息等。

操作示例:交换机从用户模式进入到全局配置模式的命令序列如下。

① Switch＞ enable

② Switch# configure terminal

③ Switch(config)#

全局配置模式的提示符为 Switch(config)#

(4) 端口配置模式,即在全局配置模式下,可使用不同的命令进入下一级的具体功能配置模式,实现对交换机各种具体的功能配置。其中,端口配置模式是全局配置模式的下一级模式。端口配置模式只对指定的端口进行操作,因此,在进入端口配置模式的命令中必须指明端口的类型。

在全局配置模式下,使用 interface type mod/port 命令进入端口配置模式的命令格式为:

Switch(config)# interface type mod/port

命令中"type"代表类型,如"ethernet"表示是标准以太网,"fastethernet"表示是快速以太网,参数"mod"表示模块号,"0"代表第一个模块,"1"代表第二个模块,以此类推。固定模块用"0"表示。参数"port"代表端口号,如"1"代表第一个端口,"2"代表第二个端口,以此类推。

操作示例：从用户模式进入到交换机 fastethernet 0/1 端口配置模式的命令序列如下。

① Switch> enable
② Switch# configure terminal
③ Switch(config)# interface fastethernet 0/1
④ Switch(config-if)#

端口模式的提示符为 Switch(config-if)#

在全局配置模式下,使用 interface range type mod/startport-endport 命令可同时配置多个端口,其格式为：

Switch(config)# interface range type mod/startport-endport

命令中"range"代表要同时配置用一个连续的端口号区间表示的多个端口,参数"type"和"mod"同上述一样分别代表类型和模块号。"startport"代表开始端口号,"endport"代表结束端口号。它们之间用"一"表示。

操作示例：从用户模式进入,转进到可同时对交换机的 fastethernet 0/11 到 fastethernet 0/20 的作配置的 10 端口配置模式的命令序列如下。

① Switch> enable
② Switch# configure terminal
③ Switch(config)# interface range fastethernet 0/11—20
④ Switch(config-if-range)#

进入到多端口模式提示符为 Switch(config-if-range)#

（5）返回到前一个模式,exit 命令可以从各配置模式返回到前一个模式,如果在特权模式或用户模式下使用则退出交换机配置模式。

操作示例：交换机从端口配置模式返回到全局配置模式。

① Switch(config-if)# exit
② Switch(config)#

（6）直接返回到特权模式,end 命令可以从各配置模式直接返回到特权模式。该命令和 Ctrl+Z 组合键的作用相同。

操作示例：交换机从端口配置模式返回到特权模式。

① Switch(config-if)# end
② Switch#

（7）获得帮助,使用"?"号可以获得帮助,当对某个命令只记得一部分时,在记得的部分后输入"?",即可查看到以此字母开头的所有可能命令；当不清楚在此模式下使用什么命令时,可以输入"?"查看在该模式下所有可使用的命令列表。

操作示例：交换机在特权模式下查看以"c"开头的所有命令。

① Switch> enable
② Switch# c?

```
clear    clock    configure
```
显示在特权模式下以"c"开头的命令有"clear""clock"和"configure"命令。

（8）命令简写，指的是在输入一条命令时，只输入命令词前面几个字符，省略其后的其他字符的操作方式。命令简写是在实际配置工作中常用的方式，使用这种方式可以大大提高配置效率。但需要注意的是，简写后的命令字符在网络设备配置命令集中具有唯一性特征，不与任何其他命令的简写形式相同。

操作示例：使用命令简写方式，将交换机从用户模式进入到 fastethernet 0/20 端口配置模式下。

① Switch> en   //完整命令为 enable
② Switch# config t   //完整命令为 configure terminal
③ Switch(config)# int f 0/20   //完整命令为 interface fastethernet 0/20
④ Switch(config-if)#

（9）使用历史命令，使用键盘上的"↑"（向上）和"↓"（向下）方向键可以调出曾经输入的历史命令。

Switch# ↑ （向上键）
Switch# ↓ （向下键）

（10）配置交换机的管理 IP 地址，如果要使用 Telnet 命令远程管理交换机，首先要为交换机配置一个管理 IP 地址。

操作示例：配置交换机的管理 IP 地址为 192.168.100.254，子网掩码为 255.255.255.0。

① Switch> enable
② Switch# config t
③ Switch(config)# int vlan 1   //配置交换机的管理 IP 要进入默认的 VlAN1 中
④ Switch(config-if)# ip add 192.168.100.254 255.255.255.0 //配置管理 IP 与子网掩码
⑤ Switch(config-if)# end   //退回到特权模式

在需要远程登录交换机的计算机上配置 IP 地址为 192.168.100.0 网段的 IP，如 192.168.100.5，通过 telnet 192.168.100.254 命令可以远程登录进入交换机的操作系统。

（11）配置交换机名称，配置交换机名称可以方便地管理交换机。当有多台交换机需要配置时，配置交换机名称可以区分各台交换机。交换机的默认主机名称为 Switch，可以通过 hostname 命令配置交换机名称。

操作示例：将交换机名称设置为 MySwitch。

① Switch> enable
② Switch# config t
③ Switch(config)# host MySwitch
④ MySwitch(config)#

通过设置将交换机名称变为 MySwitch。

（12）端口参数配置，对交换机端口进行单双工通信方式、端口速率等进行设置。设置端口单、双工通信方式使用 duplex 命令。

```
duplex {auto | full | half}
```

参数"auto"表示全双工和半双工自适应，"full"表示全双工，"half"表示半双工。

使用 speed 命令对端口速率进行设置。

speed {10 | 100 | auto}

参数"10"表示端口速率为 10Mbps，"100"表示端口速率为 100Mbps，"auto"表示端口速率为自适应。

操作示例：将交换机 F0/1 端口的通信方式设置为全双工，端口速率设置为 100Mbps。

① Switch> enable
② Switch#config t
③ Switch(config)# int f 0/1　　　　　　　　　　　//完整命令为 interface fastethernet 0/1
④ Switch (config-if)# duplex full　　　　　　　　　　//端口设置为全双工
⑤ Switch (config-if)# speed 100　　　　　　　　　　//端口速率设置为 100Mbps
⑥ Switch (config-if)# end　　　　　　　　　　//从端口配置模式退回到特权模式
⑦ Switch#

（13）端口状态配置，在端口配置模式下执行 shutdown 命令可以将一个端口关闭，在端口配置模式下执行 no shutdown 将一个端口打开。默认情况下交换机的所有端口处于开启状态。

操作示例：将交换机 F0/10 端口关闭。

① Switch> enable
② Switch#config t
③ Switch(config)# int f 0/10
④ Switch (config-if)# shutdown　　　　　　　　　　//关闭交换机 F0/10 端口

（14）查看端口信息，在特权模式下输入 show interface type mod/port 可以查看接口信息。

操作示例：查看交换机 F0/1 端口配置信息。

① Switch> enable
② Switch# show int f 0/1
　　　　　　　　　　//完整配置命令为 show interface fastethernet 0/1 操作的结果显示如下：
Interface: FastEthernet100BaseTX 0/1
Description:
AdminStatus: up
OperStatus: down
Hardware: 10/100BaseTX
Mtu: 1500
LastChange: 0d: 0h: 0m: 0s
AdminDuplex: Full　　　　　　　　　　//端口工作在全双工模式下
OperDuplex: Unknown
AdminSpeed: 100　　　　　　　　　　//端口速率为 100Mbps
OperSpeed: Unknown
FlowControlAdminStatus: Off
FlowControlOperStatus: Off
Priority: 0
Broadcast blocked: DISABLE
Unknown multicast blocked: DISABLE
Unknown unicast blocked: DISABLE

(15) 交换机端口安全设置,是指针对交换机的端口进行安全属性的配置,从而控制用户的安全接入。交换机端口的最大连接数可以控制交换机端口下连的主机数,限制用户非法连接下连交换机。设置端口安全要通过 switchport port-security 命令开启端口安全功能,通过 switchport port-security maximum value 命令设置端口安全的连接数。参数"value"值的范围为 1 到 128,代表端口可以下连的主机数,默认值为 128。通过 show port-security 命令查看端口安全最大连接数配置。

操作示例: 若你是某公司里的网络管理员,发现有员工在交换机的办公室端口上,接入交换机后又连入了多台主机。现需要通过对网管中心的交换机进行配置,实现不允许用户端口下连交换机,只允许连入一台主机的要求。假设网管中心交换机的 F0/20 端口连接该员工办公室网络的端口,具体的配置命令序列如下。

① Switch> enable
② Switch# config t   //从特权模式进入到全局配置模式
③ Switch(config)# interface fastethernet 0/20   //进入到交换机 F0/20 端口配置模式
④ Switch(config-if)# switchport mode access   //将端口设置为 access 模式
⑤ Switch(config-if)# switchport port-security   //打开该端口的端口安全功能
⑥ Switch(config-if)# switchport port-security maximum 1   //限制该端口的连接主机数为 1
⑦ Switch(config-if)# end   //从端口配置模式退回到特权模式
⑧ Switch# show port-security   //查看端口安全配置

该命令的操作结果信息显示如下:

Secure Port	MaxSecureAddr(count)	CurrentAddr(count)	Security Action
Fa0/10	1	0	Protect

交换机端口还可以进行 IP 地址与 MAC 地址绑定,实现对用户的严格控制,从而保证用户的安全接入和防止常见局域网内的网络攻击。

操作示例: 若你是公司里的网络管理员,发现经常有员工私自将个人电脑接入公司网络上网下载电影,导致公司网络速度变慢。现需要在交换机上进行设置,禁止将个人电脑随便接入公司网络。采用 IP 地址与 MAC 地址绑定方法来实现。假设交换机 F0/20 端口连入的合法主机 IP 地址为 192.168.20.20,MAC 地址为 00-24-7e-6f-2f-88,具体的配置命令序列如下。

① Switch> enable
② Switch# config t   //从特权模式进入到全局配置模式
③ Switch(config)# int f 0/20   //进入到交换机 F0/20 端口配置模式
④ Switch(config-if)# switchport mode access   //将端口设置为 access 模式
⑤ Switch(config-if)# switchport port-security   //打开该端口的端口安全功能
⑥ Switch(config-if)# switchport port-security mac-address 0024.7e6f.2f88 ip-address 192.168.20.20
                                                                //将 IP 地址与 MAC 地址绑定
⑦ Switch(config-if)# end
⑧ Switch# show port-security address   //查看端口安全地址配置

该命令的操作结果信息显示如下:

Vlan	Mac Address	IP Address	Type	Port	Remaining Age(mins)
1	0024.7e6f.2f88	192.168.20.20	Configured	Fa0/10	—

配置了交换机的端口安全功能后，当实际应用中违反了配置的要求时，将会产生一个安全违例。对安全违例的处理方式有3种：

protect，当产生违例时，则丢弃违例的报文。

restrict，当产生违例时，则发送一个Trap通知。

shutdown，当产生违例时，将关闭端口并发送一个Trap通知。

操作示例：交换机F0/20端口已开启端口安全配置，如果F0/20端口违例，交换机关闭端口并发送一个Trap通知，具体的配置命令序列如下。

① Switch#config t   //从特权模式进入到全局配置模式
② Switch(config)#int f 0/20   //进入到交换机F0/20端口配置模式
③ Switch(config-if)# switchport port-security violation shutdown   //端口违例则关闭端口
④ Switch(config-if)#end   //从端口配置模式退回到特权模式
⑤ Switch#show port-security   //查看端口安全配置

该命令的操作结果信息显示如下：

Secure Port	MaxSecureAddr(count)	CurrentAddr(count)	Security Action
Fa0/10	1	1	Shutdown

当端口因为违例而被关闭后，可以在全局配置模式下使用命令errdisable recovery来将接口从错误状态中恢复过来，命令如下：Switch(config)#errdisable recovery

（16）查看交换机MAC地址表，交换机里保存有一张MAC地址表，交换机根据数据帧的目的MAC地址转发数据。在特权模式下输入show mac-address-table可以查看交换机当前的MAC地址表信息。如Switch#show mac-address-table，显示信息如下：

Vlan	MAC Address	Type	Interface
1	00d0.f800.1001	STATIC	Fa0/1

（17）查看交换机当前配置信息，在特权模式下输入show running-config查看交换机当前的配置信息。

（18）查看交换机版本信息，在特权模式下输入show version查看交换机的版本信息。

（19）保存配置，交换机配置完成后，要将所配置的参数保存起来，以便交换机下次启动时自动加载这些参数。保存参数所用的命令如下：

Switch#copy running-config startup-config   //可以简写为Switch#copy run start
或 Switch#write

（20）重启交换机，在特权模式下输入reload可以重启交换机。

2.3 工作任务示例

某企业新购入了一批可网管的交换机。若你是该企业的网络管理员，要求对交换机进行合理配置和管理。假设交换机名称设置为 SwitchA,交换机 F0/3 端口连接一台主机,主机的 MAC 地址为 001c.25cd.f72d,IP 地址为 192.168.10.10。端口 F0/3 速率设置为 100Mbps,单双工模式为自适应。为提高企业网络安全性,F0/3 端口不允许下连交换机,只允许连接一台主机,并且不允许员工私自将个人计算机通过 F0/3 端口连入公司网络。网络拓扑如图 2.20 所示。

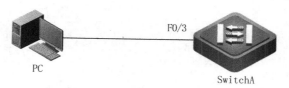

图 2.20　简单交换机网路拓扑

任务目标

1. 掌握交换机各配置模式之间的切换方法;
2. 掌握交换机的全局参数配置方法;
3. 掌握配置交换机端口常用参数的方法;
4. 掌握配置交换机的端口安全功能,控制用户安全接入的方法;
5. 掌握查看交换机系统和配置信息、当前交换机工作状态的方法。

具体实施步骤

步骤 1　交换机命令行操作模式的切换。

```
Switch> enable                               //从用户模式进入特权模式
Switch# configure terminal                   //从特权模式进入全局配置模式
Switch(config)# interface fastethernet 0/3   //进入交换机 F0/3 的端口模式
Switch(config-if)# exit                      //退回到上一级操作模式,即从端口模式退回到特权模式
Switch(config)#
Switch(config)# end                          //直接退回特权模式
Switch#
```

步骤 2　交换机设备名称的配置。

```
Switch> enable
Switch# config t
Switch(config)# hostname SwitchA
SwitchA(config)#
```

步骤 3　配置交换机 F0/3 端口参数。

```
SwitchA (config)# interface fastethernet 0/3   //进入到 F0/3 的端口模式
SwitchA (config-if)# speed 100                 //配置端口速率为 100Mbps
SwitchA (config-if)# duplex auto               //配置端口的双工模式为自适应
SwitchA (config-if)# no shutdown               //开启该端口,使端口转发数据,交换机默认所有端口都开启
```

步骤 4　查看交换机端口的配置信息。

```
SwitchA # show interface fastethernet 0/3
Interface: FastEthernet100BaseTX 0/3
Description:
AdminStatus: up
OperStatus: up                                              //查看端口的状态
Hardware: 10/100BaseTX
Mtu: 1500
LastChange: 0d: 0h: 5m: 41s
AdminDuplex: Auto                                           //查看端口配置的单双工模式
OperDuplex: Unknown
AdminSpeed: 100                                             //查看端口配置的速率
OperSpeed: Unknown
FlowControlAdminStatus: Off
FlowControlOperStatus: Off
Priority: 0
Broadcast blocked: DISABLE
Unknown multicast blocked: DISABLE
Unknown unicast blocked: DISABLE
```

步骤 5 配置交换机 F0/3 端口的最大连接数限制。

```
SwitchA # config t
SwitchA(config) # interface f 0/3                           //进入到 F0/3 端口的配置模式
SwitchA(config-if) # Switchport mode access                 //端口模式设置为 access 模式
SwitchA(config-if) # switchport port-security               //开启交换机的端口安全功能
SwitchA(config-if) # switchport port-security maximum 1     //限制端口的最大连接数为 1
SwitchA(config-if) # switchport port-security violation shutdown
                 //配置安全违例的处理方式为 shutdown,即如果有违例产生,交换机自动关闭该端口
```

验证测试：查看交换机的端口安全配置。

```
SwitchA # show port-security
Secure Port    MaxSecureAddr(count)    CurrentAddr(count)    Security Action
Fa0/3              1                        0                   Shutdown
```

步骤 6 配置交换机 F0/3 端口的地址绑定。

查看连入交换机 F0/3 端口的 PC 机 IP 和 MAC 地址信息，在 PC 上打开 CMD 命令提示符窗口，执行 ipconfig /all 命令，命令执行结果如图 2.21 所示。

图 2.21 网卡参数

配置交换机端口的地址绑定。

```
SwitchA#configure terminal
SwitchA(config)#int f 0/3                                          //进入到 F0/3 端口的配置模式
SwitchA(config-if)#switchport mode access                          //端口模式设置为 access 模式
SwitchA(config-if)#switchport port-security                        //开启交换机的端口安全功能
SwitchA(config-if)#switchport port-security mac-address 001c.25cd.f72d ip-address 192.168.10.10
                                                                   //配置 IP 地址和 MAC 地址的绑定
```

验证测试：查看地址安全绑定配置。

```
SwitchA# show port-security address
Vlan        MacAddress          IP Address          Type          Port
1           001c.25cd.f72d      192.168.10.10       Configured    Fa0/3
```

步骤 7　查看交换机各项信息。

```
SwitchA # show version                                             //查看交换机的版本信息
System description: Red-Giant Gigabit Intelligent Switch(S2126S) By
Ruijie Network                                                     //系统描述信息
System uptime: 0d: 0h: 8m: 12s                                     //系统运行时间
System hardware version: 3.33                                      //交换机的硬件版本信息
System software version: 1.7 Build Nov 12 2007 Release             //交换机的软件版本信息
System BOOT version: RG-S2126G-BOOT   03-03-02
System CTRL version: RG-S2126G-CTRL   03-11-02  //操作系统版本信息
Running Switching Image: Layer2                                    //交换机为二层交换机
SwitchA # show mac-address-table                                   //查看交换机的 MAC 地址表
SwitchA # show running-config                                      //查看交换机当前生效的配置信息
SwitchA # copy run start                                           //保存当前配置信息
```

注意事项

（1）命令行操作进行自动补齐或命令简写时，要求所简写的字母必须能够唯一区别该命令。如 Switch#conf 可以代表 configure，但 Switch#c 无法代表 configure，因为 c 开头的命令有三个 clear、clock 和 configure，设备无法区别。

（2）交换机端口在默认情况下是开启的，AdminStatus 是 up 状态，如果该端口没有实际连接其他设备，OperStatus 是 down 状态。

（3）交换机端口安全功能只能在 access 接口进行配置。

（4）交换机最大连接数限制取值范围是 1～128，默认是 128。

2.4　项目小结

二层交换机是工作在数据链路层的设备，只能识别 MAC 地址。它通过解析数据帧的目的主机的 MAC 地址，能将数据帧快速地从源端口转发至目的端口，从而避免与其他端口发生碰撞，提高了网络数据的传输速度。

2.5 理解与实训

选择题

1. 在下列提示符中,表示"全局配置模式"的是( )。
   A. Switch>   B. Switch#   C. Switch(config)   D. Switch(config-if)
2. 当交换机从"用户模式"到"特权模式"时,应输入命令( )。
   A. start   B. enable   C. exit   D. outset
3. 当连接两台不同的设备时,应选择哪种线来连接。( )
   A. 直通线   B. 交叉线   C. 光纤   D. 闪电线
4. 交换机属于( )设备。
   A. 共享带宽   B. 独享带宽   C. 网络层   D. 以上都不是
5. 下面不属于桌面型以太网交换机特点的是( )。
   A. 功能简单   B. 价格便宜
   C. 主要用于普通办公室和家庭用户   D. 主要用于大型企业
6. 可网管交换机具有哪些许多桌面型交换机不具有的特性?( )
   A. 端口开放   B. 端口监控   C. 聚集 VALN   D. 划分 VLAN
7. 下列哪项不是交换机的交换方式?( )
   A. 直通式   B. 交叉式   C. 储存转发   D. 碎片隔离
8. 交换机的管理主要有( )。
   A. 通过 Console 端口   B. 利用 Telent 远程登录
   C. WEB 页面管理   D. 以上都是
9. 用什么命令可以退回到前一个模式?( )
   A. end   B. retreat   C. shutdown   D. exit
10. 要配置 11 端口到 20 端口,下列哪些配置是正确的?( )
    A. interface f0/11—20   B. interface f0/11~20
    C. interface range f0/11—20   D. interface range f0/11~20

填空题

1. 交换机属于_____设备,使用_____地址转发数据。
2. 配置交换机进入端口 F0/1 时,应输入的完整命令是_____。
3. 集线器属于_____带宽设备。
4. 在交换机中用_____命令来检查网络之间是否能够连通。

问答题

1. 如何进行命令补全?命令补全有什么好处?
2. exit 和 end 有什么区别?

3. Ctrl+Z 的作用是什么？

4. 你所配置的交换机的软件版本是什么？

实训任务

1. 将交换机命名为自己姓名的拼音。

2. 将交换机 F0/16 端口速率配置为 100Mbps，端口模式为全双工，并开启该端口。

3. 查看交换机 F0/16 端口状态。

4. 如果 F0/16 端口 OperStatus 状态为 down，如何把 OperStatus 状态改为 up？请试一试。

5. 将交换机 F0/16 端口的最大连接数设置为 2，安全违例的处理方式为 shutdown。

6. 对交换机端口 F0/16 进行 IP 地址和 MAC 绑定。

项目三

网络广播风暴的隔离与控制

教学目标

1. 了解冲突域与广播域的概念；
2. 了解 VLAN 概念、优点及划分方式；
3. 理解 VLAN 技术的工作原理；
4. 掌握交换机 VLAN 的配置方法；
5. 掌握将端口加入到 VLAN 方法；
6. 掌握在多台交换机上实现相同 VLAN 内主机间进行通信的方法。

3.1 项目内容

某企业分为行政、财务、人事、物流等部门，这些部门通过多台交换机及其相应的线路连接到网络中心，与网络中心的服务器子网组成了一个企业局域网。其中，服务器子网由企业采用的各种服务器，如邮件服务器、数据库服务器、ERP 服务器等组成。由于网络病毒或者网络设计等原因，难免会产生很多不必要的广播数据流量，导致在企业网络中有可能出现广播风暴。广播风暴会消耗掉宝贵的网络带宽，降低网络的性能。网络管理员希望，如果某个部门里有电脑中了毒，产生了广播风暴，则其只影响该部门所在的网络，而不会影响到其他部门用户的正常工作，如人事部门网络中产生的广播风暴不会蔓延到行政、财务、物流的网络中去。同时，能保证同一部门主机之间能够相互访问，不同部门主机之间不能随意相互访问。本项目的内容是通过对多台具有 VLAN 功能的交换机，在参数上进行一系列的技术配置来实现对网络广播风暴的隔离与控制。

3.2 相关知识

要实现"同一部门主机之间能够相互访问，不同部门主机之间不能随意相互访问"，以控制网络内广播风暴发生这一功能要求，需要用到虚拟局域网（VLAN）配置的相关技术。为了便于掌握和理解具体的配置操作步骤,需要了解冲突域与广播域的概念、虚拟局域网(VLAN)概念、VLAN 优点、VLAN 划分方式、VLAN Trunk 协议、配置 VLAN 的命令等知识。

3.2.1 冲突域与广播域

冲突域与广播域

广播是一种信息的传播方式,指网络中的某一设备同时向网络中所有的其他设备发送数据,这个数据所能广播到的范围即为广播域(Broadcast Domain)。简单点说,广播域就是指网络中所有能接收到同样广播消息的设备的集合。比如:学校广播播放的新闻,整个学校都能听见,这个广播域是"整个学校";教室里老师在上课,只有在这间教室可以听见,这个广播域是"这间教室"。

广播域并不是越大越好,因为广播域内所有的设备都必须监听所有的广播包,如果广播域太大了,用户的带宽就小了,并且需要处理更多的广播,网络响应时间将会长到让人无法容忍的地步。

在以太网中,如果某个 CSMA/CD 网络上的两台计算机在同时通信时会发生冲突,那么这个 CSMA/CD 网络就是一个冲突域(collision domain)。简单来说就是同一时间内只能有一台设备发送信息的范围。比如:教室里有两个人讲话声音很大,他们的声音相互干扰,导致大家都听不清楚他们在讲什么,这就产生了冲突,冲突域就是"这间教室"。显然,冲突域越小越好。

冲突域在同一个网段内,基于 OSI 参考模型的第一层(物理层),因物理层设备无法隔离冲突域,比如 Hub 连接的网络,整个网络在同一个冲突域中。第二层(数据链路层)设备能隔离冲突域,比如 Switch。交换机可以划分冲突域,因此交换机的每一个端口就是一个冲突域。

广播域是可以跨网段,基于 OSI 参考模型第二层(数据链路层),所以第二层设备无法隔离广播域,比如 Switch。第三层(网络层)设备可以隔离广播域,比如路由器(Router)。路由器能隔离广播域,其每一个端口就是一个广播域。

如图 3.1 所示,一台交换机连接一台 Hub 和三台计算机,一台 Hub 下连两台计算机,请问有几个冲突域,几个广播域?

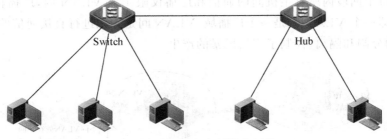

图 3.1 冲突域与广播域的划分

解析:因为只有三层设备可以隔离广播域,这里没有三层设备,所以整个网络只有一个广播域;交换机可以隔离冲突域,交换机有 4 个端口连接了设备,所以这里有 4 个冲突域。

3.2.2 VLAN 概念

VLAN 概念和划分方法

虚拟局域网(Virtual Local Area Network)通常简称为 VLAN,它是将由多台支持 VLAN 功能交换机构成的局域网在逻辑上划分为多个独立的网段,从而实现虚拟工作组的一种交换技术。

交换局域网内主机的通信有时需要采用广播方式,比如在主机启动后网络参数初始化过程中需通过广播方式获取本机 IP 参数或寻找目的主机 MAC 地址时都会采用广播方式发送数据。此外,不少网络病毒,如 ARP 病毒也会采用广播方式发送大量的垃圾数据。广播方式是指一台主机同时向网段中所有的其他计算机发送信息,广播方式会占用大量的资源。广播域是指广播能够到达的范围,如图 3.2 所示。集线器或交换机所构成的一个物理局域网,整个网络属于同一个广播域,集线器、网桥和交换机设备都会转发广播帧,因此任何一个广播帧或多播帧都将被广播到整个局域网中的每一台主机。在网络通信中广播信息普遍存在,这些广播将占用大量的网络带宽,导致网络速度和通信效率的下降,并额外增加了网络主机为处理广播信息所产生的负荷。当广播充斥网络且无法处理,并占用大量网络带宽,导致正常业务不能运行,甚至彻底瘫痪时,就发生了"广播风暴"。当一个局域网的规模增大、所连主机数量增大时,发生"广播风暴"的可能性会增加,且危害性会更大。

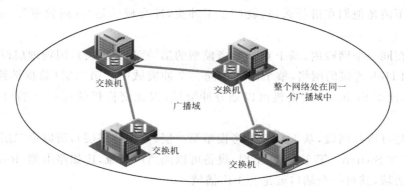

图 3.2 交换网络中的广播域

通过在交换机上划分 VLAN,可将一个大的局域网划分成若干个网段,一个 VLAN 就是一个网段,每个网段内所有主机间的通信和广播仅限于该 VLAN 内,广播帧不会被转发到其他网段,即一个 VLAN 就是一个广播域,VLAN 间是不能进行直接通信的,从而就实现了对广播域的分割和隔离,控制了广播风暴的产生。

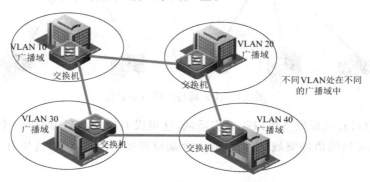

图 3.3 交换机划分 VLAN 隔离广播域

3.2.3 VLAN 的优点

1. 控制广播风暴

一个 VLAN 就是一个逻辑广播域,通过对 VLAN 的创建,隔离了广播,缩小了广播范围,可以抑制广播风暴的产生。

2. 提高网络整体安全性

通过访问控制列表和 MAC 地址分配等 VLAN 划分原则,可以控制用户访问权限和逻辑网段大小,将不同用户群划分在不同 VLAN,从而提高交换式网络的整体性能和安全性。

3. 网络管理简单、直观

对于交换式以太网,如果对某些用户重新进行网段分配,需要网络管理员对网络系统的物理结构重新进行调整,甚至需要追加网络设备,增大网络管理的工作量。而对于采用 VLAN 技术的网络来说,一个 VLAN 可以根据部门职能、对象组或者应用将不同地理位置的网络用户划分为一个逻辑网段。在不改动网络物理连接的情况下可以任意地将工作站在工作组或子网之间移动。利用 VLAN 技术,大大减轻了网络管理和维护工作的负担,降低了网络维护费用。

3.2.4 VLAN 的划分方法

1. 根据端口来划分 VLAN

这种划分是把一个或多个交换机上的几个端口划分为一个逻辑组,这是最简单、最有效的划分方法。该方法只需网络管理员对网络设备的交换端口进行重新分配,不用考虑该端口所连接的设备。默认状态下,所有端口都属于 VLAN 1。

2. 根据 MAC 地址划分 VLAN

根据每个主机的 MAC 地址来划分,即对每个 MAC 地址的主机都配置它属于哪个组。该方法的优点是当用户物理位置移动时,即从一个交换机换到其他的交换机时,VLAN 不用重新配置。缺点是初始化时,所有的用户都必须进行配置,若有几百个甚至上千个用户,配置将十分烦琐。

3. 根据协议来划分 VLAN

根据端口接收到帧所属的协议类型来划分 VLAN,如 IPv4 划分一个 VLAN,IPv6 划分一个 VLAN。该方法的优点是当用户物理位置移动时,即从一个交换机换到其他的交换机时,VLAN 不用重新配置,缺点是效率低。

4. 根据 IP 子网划分 VLAN

根据帧中 IP 包的源地址作为依据来划分 VLAN。该方法的优点是当用户物理位置移动时,即从一个交换机换到其他的交换机时,VLAN 不用重新配置,缺点是对交换芯片要求较高。

3.2.5 VLAN Trunk 技术

通常在企业的实际应用中,往往不止使用一台交换机,而是由多台交换机共同作用,每台交互机上都划分 VLAN,而这些 VLAN 可能在多个交换机上是重复的,如图 3.4 所示,两台二层交换机分布在不同的楼层中,交换机上划分有相

VLAN Trunk 技术

同的 VLAN。为了让连接在不同交换机上的相同 VLAN 的主机相互通信，就需要使用 VLAN Trunk 协议。

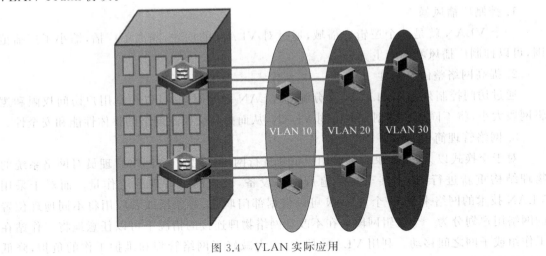

图 3.4　VLAN 实际应用

VLAN Trunk（虚拟局域网中继技术），它的作用是让连接在不同交换机上的相同 VLAN 中的主机互通。交换机的端口按用途分为 Access 端口和 Trunk 端口两种。

Access 端口通常用于连接客户 PC 机，以提供网络接入服务。该种端口只属于某一个 VLAN，并且仅向该 VLAN 发送或接收数据帧。Trunk 端口通常用于交换机级联端口，它属于所有 VLAN 共有，承载所有 VLAN 在交换机间的通信流量。

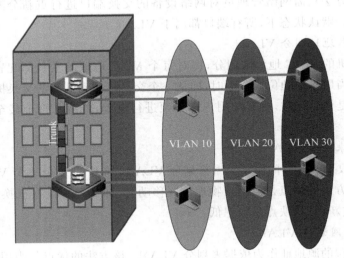

图 3.5　交换机级联端口划 Trunk

把两台交换机的级联端口设置为 Trunk 端口，当交换机把数据帧从级联端口发出去的时候，会在数据包中做一个标记（TAG），以使其他交换机识别该数据帧属于哪一个 VLAN，这样，其他交换机收到数据帧后，只会将该数据帧转发到标记中指定的 VLAN，从而完成了跨越交换机的 VLAN 内部数据传输。

目前交换机支持的封装协议有 IEEE802.1Q 和 ISL。其中 IEEE802.1Q 是经过 IEEE

认证的对数据帧附加 VLAN 识别信息的协议,属于国际标准协议,适用于各个厂商生产的交换机,该协议通常也简称为 dot1q。IEEE802.1Q 所附加的 VLAN 识别信息,位于数据帧中"源 MAC 地址"和"类型域"之间,所添加的内容为 2 字节的 TPID 和 2 字节的 TCI,共计 4 个字节。TPID 值固定为 0x8100,交换机通过 TPID,来确定数据帧内附加了基于 IEEE802.1Q 的 VLAN 信息。而实质上的 VLAN ID,是 TCI 中的 12 位元。由于总共有 12 位,因此最多可供识别 4096 个 VLAN。其对数帧的封装过程如图 3.6 所示。

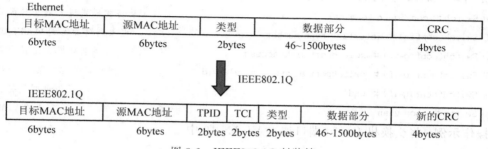

图 3.6　IEEE802.1Q 封装帧

ISL 是 Inter Switch Link 的缩写,是 Cisco 系列交换机支持的一种与 IEEE802.1Q 类似的,用于在汇聚链路上附加 VLAN 信息的协议,可用于以太网和令牌环网。ISL 对数据帧进行封装时,采取在数据帧的头部附加 26 字节的 ISL 包头(ISL Header),并且在数据帧的尾部带上对包括 ISL 包头在内的整个数据帧进行计算后得到的 4 字节的 CRC 值,即 ISL 协议保留数据帧原来的 CRC,然后再附加上一个新的 CRC,即封装时总共增加了 30 个字节的信息。当数据帧离开汇聚链路时,ISL 只需简单地去除 ISL 包头和新 CRC 就可以了,由于数据帧原来的 CRC 被完整保留,因此无须重新计算。ISL 与 IEEE802.1Q 协议互不兼容,ISL 是 Cisco 独有的协议,只能用于 Cisco 网络设备之间的互联。

3.2.6　VLAN 的基本配置命令

1. 创建一个 VLAN 的命令及其操作顺序

① Switch(config)# vlan vlan-id　　　　　　　　//输入一个 VLAN 号并进入到 VLAN 配置状态
② Switch(config-vlan)# name vlan-name　　　　//为 VLAN 取一个名字,这是一个可选命令
③ Switch(config-vlan)# end　　　　　　　　　　//退回到特权模式
④ Switch# show vlan　　　　　　　　　　　　　 //查看 VLAN 配置

操作示例:创建一个 VLAN,其编号为 10,将它命名为 test。

Switch# configure terminal
Switch(config)# vlan 10
Switch(config-vlan)# name test
Switch(config-vlan)# end
Switch# show vlan

2. 删除一个 VLAN 的命令

① Switch(config)# no vlan vlan-id　　　　　　　　//删除一个 VLAN
② Switch(config)# end　　　　　　　　　　　　　 //退回到特权模式

③ Switch# show vlan　　　　　　　　　　　　　　　　　　　　　//查看 VlAN 配置

操作示例：删除上一个示例所创建的 VLAN 10。

Switch# configure terminal
Switch(config)# no vlan 10
Switch(config)# end
Switch# show vlan

3. 将端口加入到 VLAN 中命令

① Switch# configure terminal　　　　　　　　　　　　//从特权模式进入到全局配置模式
② Switch(config)# interface type number　　　　　　//进入到要加入到 VLAN 的端口中
③ Switch(config-if)# switchport mode access　　　　//将端口模式设置为 Access
④ Switch(config-if)# switchport access vlan vlan-id　　//把端口分配给某一个 VLAN 中
⑤ Switch(config-if)# end　　　　　　　　　　　　　　//退回到特权模式
⑥ Switch# show vlan　　　　　　　　　　　　　　　　//查看 VlAN 配置

操作示例：将交换机 F0/10 端口加入 VLAN 10 中。

Switch# configure terminal
Switch(config)# interface f 0/10
Switch(config-if)# switchport mode access
Switch(config-if)# switchport access vlan 10
Switch(config-if)# end
Switch# show vlan

4. 将端口模式设置为 Trunk 的命令

① Switch# configure terminal　　　　　　　　　　　　//从特权模式进入到全局配置模式
② Switch(config)# interface type number　　　　　　//进入到要设置为 Trunk 的端口中
③ Switch(config-if)# switchport mode trunk　　　　　//将端口模式设置为 Trunk
④ Switch(config-if)# end　　　　　　　　　　　　　　//退回到特权模式

操作示例：两台交换机划分有多个 VLAN，使用 F0/24 端口相连，请把 F0/24 配成 Trunk 端口。

Switch# configure terminal
Switch(config)# interface f 0/24
Switch(config-if)# switchport mode trunk
Switch(config-if)# end

3.3　工作任务示例

网络广播风
暴隔离与控制
任务示例

若你是某公司里的网络管理员，公司有两幢办公楼，每幢办公楼里有一台可设置的交换机，第一幢楼里的交换机名为 SwitchA，第二幢楼里的交换机名为 SwitchB。公司现有两个主要部门：经理部和人事部，经理部位于第一幢办公楼里，人事部分散在两幢办公楼里。经理部的计算机 PC1 连接在 SwitchA 的 F0/10 端口并属于 VLAN 10，人事部的计算机 PC2 和 PC3 分别连接在 SwitchA 的 F0/20 端口和 SwitchB 的 F0/20 端口，属于 VLAN 20，两台交换机使用 F0/24 端口相连。公司领导要求人事部门的计算机 PC2 和 PC3 能够相互访问,经理部门的 PC1 不能与人事部门的 PC2 和 PC3 相互访问,请你在交换机上做适当配置来满足上述要求。

公司局域网的网络拓扑与 IP 地址规划如图 3.7 和表 3.1 所示。

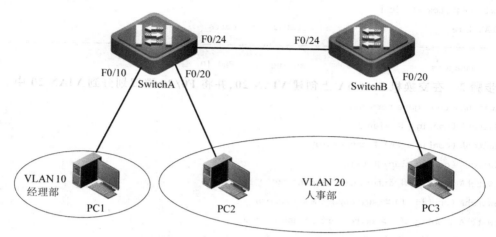

图 3.7　跨交换机实现相同 VLAN 间通信

表 3.1　IP 地址规划

设备名称	IP 地址	子网掩码	接口	VLAN ID
PC1	192.168.10.10	255.255.255.0	SwitchA F0/10	VlAN 10
PC2	192.168.10.20	255.255.255.0	SwitchA F0/20	VlAN 20
PC3	192.168.10.30	255.255.255.0	SwitchB F0/20	VlAN 20

任务目标

1. 在多台交换机上创建 VLAN;
2. 将端口加入到相应的 VLAN 中;
3. 将端口模式配置为 Trunk 模式;
4. 在多台交换机上配置,实现相同 VLAN 的主机能够进行通信。

具体实施步骤

步骤 1　在交换机 SwitchA 上创建 VIAN 10,并将 F0/10 端口加入到 VlAN 10 中。

Switch#configure terminal
Switch (config)#hostname SwitchA
SwitchA (config)# vlan 10
SwitchA (config-vlan)# namemanagers
SwitchA (config-vlan)# exit
SwitchA (config)# interface fastethernet 0/10
SwitchA (config-if)#switchport mode access

SwitchA (config-if)# switchport access vlan 10
SwitchA (config-if)# end

验证测试：验证已创建了 VIAN 10，并将 F0/10 端口已划分到 VIAN 10 中。

SwitchA# show vlanid 10

VLAN	Name	Status	Ports
10	managers	active	Fa0/10

步骤 2 在交换机 **SwitchA** 上创建 **VIAN 20**，并将 **F0/20** 端口划分到 **VIAN 20** 中。

SwitchA# configure terminal
SwitchA (config) # vlan 20
SwitchA (config-vlan)# nameemployees
SwitchA (config-vlan)# exit
SwitchA (config)# interface fastethernet 0/20
SwitchA (config-if)# switchport mode access
SwitchA (config-if)# switchport access vlan 20
SwitchA (config-if)# end

验证测试：验证已创建了 VIAN 20，并将 F0/20 端口已划分到 VIAN 20 中。

SwitchA # show vlan

VLAN	Name	Status	Ports
1	default	active	Fa0/1, Fa0/2, Fa0/3
			Fa0/4, Fa0/5, Fa0/6
			Fa0/7, Fa0/8, Fa0/9
			Fa0/11, Fa0/12, Fa0/13
			Fa0/14, Fa0/15, Fa0/16
			Fa0/17, Fa0/18, Fa0/19
			Fa0/21, Fa0/22, Fa0/23
			Fa0/24
10	managers	active	Fa0/10
20	employees	active	Fa0/20

步骤 3 把交换机 **SwitchA** 与交换机 **SwitchB** 相连的端口 **F0/24** 设置为 **Trunk** 模式。

SwitchA (config)# interface fastethernet 0/24
SwitchA (config-if)# switchport mode trunk
SwitchA (config-if)# end

验证测试：验证 F0/24 端口已被设置为 Trunk 模式。

SwitchA # show interfaces fastEthernet 0/24 switchport

Interface	Switchport	Mode	Access	Native	Protected	VLAN lists
Fa0/24	Enabled	Trunk	1	1	Disabled	All

步骤 4 在交换机 **SwitchB** 上创建 **VIAN 20**，并将 **F0/20** 端口划分到 **VIAN 20** 中。

Switch# configure terminal

```
Switch(config)#hostname SwitchB
SwitchB(config)#vlan20
SwitchB(config-vlan)#nameemployees
SwitchB(config-vlan)#exit
SwitchB(config)#interface fastethernet 0/20
SwitchB(config-if)#switchport mode access
SwitchB(config-if)#switchport access vlan 20
SwitchB(config-if)#end
```

验证测试：验证已创建了 VIAN 20，并将 F0/20 端口已划分到 VIAN 20 中。

```
SwitchB#show vlan id 20
VLAN Name                        Status     Ports
---------------------------------------------------------------
20   employees                   active     Fa0/20
```

步骤 5 把交换机 SwitchB 与交换机 SwitchA 相连的端口 F0/24 设置为 Trunk 模式。

```
SwitchB#configure terminal
SwitchB(config)#interface fastethernet 0/24
SwitchB(config-if)#switchport mode trunk
SwitchB(config-if)#end
```

验证测试：验证 F0/24 端口已被设置为 Trunk 模式。

```
SwitchB#show interfaces fastEthernet0/24 switchport
Interface   Switchport   Mode    Access  Native  Protected   VLAN lists
---------------------------------------------------------------
Fa0/24      Enabled      Trunk   1       1       Disabled    All
```

步骤 6 验证 PC2 与 PC3 能互相通信，但 PC1 与 PC3 不能互相通信。

在 PC2 上

```
C:\>ping 192.168.10.30                    //在 PC2 的命令行方式下验证能否 ping 通 PC3
Pinging 192.168.10.30 with 32 bytes of data：
Reply from 192.168.10.30：bytes=32 time<10ms TTL=128
Reply from 192.168.10.30：bytes=32 time<10ms TTL=128
Reply from 192.168.10.30：bytes=32 time<10ms TTL=128
Reply from 192.168.10.30：bytes=32 time<10ms TTL=128
```

验证结果显示 PC2 可以和 PC3 相互通信，即相同 VIAN 之间能够相互通信。

在 PC1 上

```
C:\>ping 192.168.10.30                    //在 PC1 的命令行方式下验证能否 ping 通 PC3
Pinging 192.168.10.30 with 32 bytes of data：
Request timed out.
Request timed out.
Request timed out.
Request timed out.
```

验证结果显示 PC1 不能和 PC3 相互通信，即不同 VIAN 之间不能够相互通信。

注意事项

1. VLAN 可以不设置名称,如果设置了名称,则相同 VLAN 的名称必须相同;
2. 两台交换机之间相连的端口应该设置为 Trunk 模式;
3. Trunk 接口在默认情况下支持所有 VLAN 的传输。

3.4 项目小结

VLAN 是一个逻辑上的概念,可以把连接在不同交换机上的计算机根据功能等组织成新的网段,同一 VLAN 的计算机属于同一个广播域,不同 VLAN 属于不同广播域。通过将一个大的局域网划分为多个小的 VLAN,从而控制局域网内广播问题。在交换机之间连接 VLAN 需要 Trunk 技术,Trunk 技术采用帧标记技术,实现了在单一链路上传送不同 VLAN 的数据帧,大大提高了链路的利用率。

3.5 理解与实训

选择题

1. 网络中的某一设备同时向网络中所有的其他设备发送数据,这个数据所能广播到的范围即为( )。

　　A. 冲突域　　　　B. 广播域　　　　C. 组播　　　　D. 以上都不是

2. 创建一个 VLAN 20 的命令是什么?( )

　　A. vlan 20　　　　B. int vlan 20　　　　C. out vlan 20　　　　D. exit vlan 20

3. 查看 VlAN 的配置的命令是什么?( )

　　A. show vlan　　　B. display vlan　　　C. play vlan　　　D. no vlan

4. Switch# configure terminal 是什么?( )

　　A. 从特权模式进入到全局配置模式　　　B. 进入到要加入到 VLAN 的端口中
　　C. 将端口模式设置为 access　　　　　　D. 退回到特权模式

5. 如何将端口开启 Access 模式?( )

　　A. mode access　　　　　　　　　　　B. switchport access
　　C. switchport mode access　　　　　　D. access

6. 如何将端口加入 VlAN 10 中?( )

　　A. switchport access vlan 10　　　　　B. switchport vlan 10
　　C. vlan 10　　　　　　　　　　　　　D. vlan10

7. 在思科模拟器中 PC 机与交换机之间要用什么线相连?( )

　　A. 直通线　　　　B. 交叉线　　　　C. 配置线　　　　D. 光纤

8. 用下面哪个命令可以同时查看 IP 地址和 MAC 地址?( )

　　A. ipconfig　　　B. ipconfig/all　　　C. ip　　　D. configip

填空题

1. 交换机根据_____地址转发数据帧。
2. 交换机可以划分_____域，VLAN 可以划分_____域。
3. 连接在不同交换机上，属于同一个 VLAN 的数据帧必须通过_____链路传输。
4. 在默认状态下，所有的端口属于_____。

问答题

1. 什么情况下需要划分 VLAN？
2. 在网络中使用 VLAN 技术可以带来哪些好处？
3. 简述数据帧通过中继链路的变化过程？
4. 如果将交换机端口加入到 VLAN 10 中，现在删除 VLAN 10 后将出现什么情况？

实训任务

如图 3.8 所示，某学校有两幢办公楼，每幢办公楼里有一台可设置的交换机。学校有计算机系和英语系，计算机系和英语系教师的办公室分散在两幢办公楼里。现领导要求各部门内部主机的一些业务可以相互访问，但部门之间不允许互访。请你在交换机上做适当配置来满足上述要求。

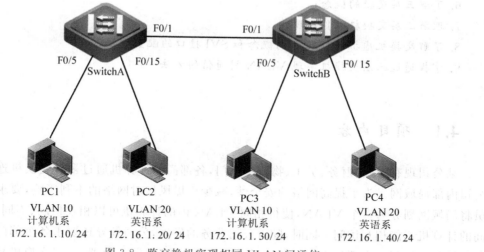

图 3.8　跨交换机实现相同 VLAN 间通信

项目四

三层网络设备实现 VLAN 间通信

教学目标

1. 了解 VLAN 间通信原理；
2. 理解单臂路由器工作原理；
3. 掌握在路由器物理接口上划分子接口的方法；
4. 掌握路由器子接口封装的方法；
5. 掌握单臂路由器实现 VLAN 间通信的方法；
6. 了解三层交换的概念；
7. 理解三层交换机工作原理；
8. 了解交换机虚拟接口 SVI 的概念和 SVI 接口的配置方法；
9. 掌握通过三层交换机实现 VLAN 间通信的方法。

4.1 项目内容

某公司现有行政、财务、员工、物流等部门，各部门的计算机通过多台交换机连接组成了公司内部局域网。为了提高网络的安全性，减少广播风暴对网络的不利影响，要求网络管理员将局域网划分为多个 VLAN，使得相同 VLAN 内的计算机可以相互访问、不同 VLAN 之间的计算机不能相互访问。同时，随着公司业务的发展，公司领导还要求各个部门的计算机都能够相互访问。本项目内容是通过对三层网络设备（单臂路由器、三层交换机）的设置，来实现不同 VLAN 之间的计算机能够根据 IP 地址相互通信。

4.2 相关知识

要想利用三层网络设备（单臂路由器、三层交换机）来实现不同 VLAN 主机之间的相互通信这一功能，需要先了解 VLAN 间通信的概念、单臂路由器工作原理、单臂路由器配置命令、三层交换概念、三层交换机工作原理、交换机虚拟接口 SVI 技术、三层交换机配置命令等知识。

4.2.1 VLAN 间通信的原理

网络层次化拓扑结构设计

通过在前一个项目的学习,我们已经知道连接在不同交换机上的两台计算机,只要它们属于相同的 VLAN 就可以实现相互通信,但是如果两台计算机不属于同一个 VLAN,则即使是连接在同一台交换机上也无法进行直接通信。若要使分属不同 VLAN 的主机间实现相互通信,则必须为 VLAN 指定路由。这可通过配置路由器和三层交换机来实现。

不同 VLAN 的主机之间不通过路由就无法通信的原因在于:在 LAN(子网)内的通信,必须在数据帧头中指定通信目标的 MAC 地址。而为了获取 MAC 地址,需要使用 TCP/IP 协议下的 ARP 协议。ARP 协议解析 MAC 地址的方法,则是通过广播。也就是说,如果广播报文无法到达,那么就无从解析 MAC 地址,即不能直接通信。

一个 VLAN 就是一个独立的广播域,不同的 VLAN 属于不同广播域。所以为了能够在不同 VLAN 之间通信,需要利用 OSI 参考模型中更高一层——网络层的信息(IP 地址)在两个广播域之间架起桥梁,为 VLAN 间的通信建立路由通道,最终实现 VLAN 间的通信。

4.2.2 单臂路由器工作原理

单臂路由器工作原理

路由器工作在 OSI 参考模型中的网络层,路由器依据路由表将数据包从一个 LAN(子网)转发到另一个 LAN(子网)。

传统的 VLAN 间路由通过有多个物理接口的路由器实现。一般的方法是,在二层交换机上配置 VLAN,每个 VLAN 使用一条独占的物理链路连接到路由器的一个接口上,路由器通过每个物理接口连接到唯一的 VLAN,从而实现路由。各接口配置一个 IP 地址,该 IP 地址与所连接的特定 VLAN 子网相关联。如图 4.1 所示。

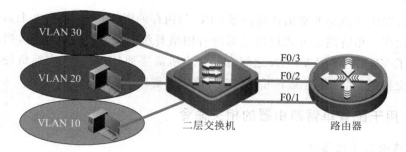

图 4.1 使用路由器实现不同 VLAN 之间通信功能

传统路由器的一个物理接口只能连接一个 VLAN。如果需要连接多个 VLAN,则必须要有多个物理接口。例如,若二层交换机连接 10 个不同 VLAN,则路由器需要有 10 个物理接口进行连接。这是不可行的,因为现实的路由器的物理接口是有限的,这就产生了"在一个物理接口下划分多个逻辑子接口,然后每个逻辑子接口接收一个 VLAN 的数据"的路由接口扩展法。从物理状态上来说,这种方法实现了一个物理接口连接多个逻辑 VLAN 的网络结构,被称为单臂路由,如图 4.2 所示。

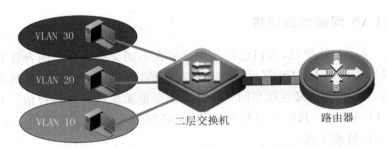

图 4.2 单臂路由器实现不同 VLAN 之间通信的结构

单臂路由器可以从一个 VLAN 接收数据包并且将这个数据包转发到另外的一个 VLAN 中。要实现 VLAN 间的路由,路由器必须知道怎样去往那些互联的 VLAN。可以在路由器上设置多个逻辑子接口,每个子接口对应于一个 VLAN。各子接口的数据在物理链路上传递时要进行标记封装(802.1Q 或 ISL)。其中,802.1Q 是国际标准,ISL 是 Cisco 的专有协议,只能在 Cisco 的设备上使用。

路由器物理接口可以划分多个子接口。子接口是基于软件的虚拟接口,每个子接口配置有 IP 地址、子网掩码和唯一的 VLAN 分配,该 IP 地址以后就成为该 VLAN 的默认网关(路由)。设置 IP 地址后,路由器会自动在路由表中,为各 VLAN 添加路由,从而实现 VLAN 间的路由转发。单臂路由器子接口的功能如图 4.3 所示。

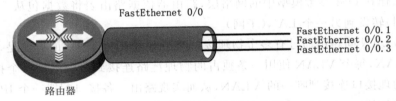

图 4.3 单臂路由器子接口功能

使用单臂路由缺点是非常消耗路由器 CPU 与内存的资源,在一定程度上影响了网络数据包传输的效率。单臂路由方式仅仅是对现有网络升级时采取的一种策略,当在企业内部网络中划分了 VLAN,不同 VLAN 之间有部分主机需要通信,但接入交换机使用的是二层交换机,在这种情况下可使用单臂路由来解决问题。

4.2.3 用于配置单臂路由器的相关命令

1. 开启路由器物理接口

① Router＞enable　　　　　　　　　　　　　　//路由器从用户模式进入到特权模式
② Router#config terminal　　　　　　　　　　//路由器从特权模式进入到全局配置模式
③ Router(config)#interface slot-number/interface-number
　　　　　　　　//进入到路由器接口配置模式,slot-number:插槽号;interface-number:接口号
④ Router(config-if)#no shutdown　　　　　　//开启接口,默认情况下路由器接口是关闭的
⑤ Router(config-if)#exit　　　　　　　　　　//退回到全局配置模式下

操作示例:开启路由器 Fastethernet 0/0 接口。

Router＞enable

```
Router#config terminal
Router(config)#interface f0/0
Router(config-if)#noshutdown
Router(config-if)#exit
```

2. 创建子接口并设置封装类型与子接口 IP 地址

① `Router(config)#interface fastethernet slot-number/interface-number.subinterface-number`
//创建路由器子接口,并进入到子接口配置模式下,slot-number:插槽号;interface-number.subinterface-number:子接口序号

② `Router(config-subif)#encapsulation dot1q vlan-id`　　　　　　//使用 802.1Q 方式进行封装
//或 `Router(config-subif)#encapsulation isl vlan-id`　　　　　　//或者使用 ISL 方式封装
③ `Router(config-subif)#ip address ip-address netmask`　　　　//为子接口配置 IP 地址与子网掩码
④ `Router(config-subif)#end`　　　　　　　　　　　　　　//从子接口配置模式直接退回到特权模式
⑤ `Router#show ip interface brief`　　　　　　　　　　　　　　//查看 IP 地址的配置

操作示例：创建 F0/0.10 子接口,子接口的封装格式为 802.1Q,连接为 VLAN 10,设置 F0/0.10 子接口的 IP 地址为 192.168.10.254,子网掩码为 255.255.255.0。

```
Router>enable
Router#config t
Router(config)#int f0/0
Router(config-if)#noshutdown
Router(config-if)#exit
Router(config)#interface f0/0.10
Router(config-subif)# encapsulation dot1q 10
Router(config-subif)#ip address 192.168.10.254 255.255.255.0
```

注意：由于子接口 F0/0.10 连接 VLAN 10,用于路由器实现不同 VLAN 间通信,因此 F0/0.10 接口设置的 IP 地址作为 VLAN 10 中成员计算机的网关使用。

```
Router(config-subif)#end
Router# show ip interface brief
```

三层交换机
工作原理与
配置命令

4.2.4　三层交换概念

传统的交换技术是在数据链路层进行操作的,它在操作过程中不断收集信息去建立起它本身 MAC 地址表。当交换机收到一个帧时,它便会查看帧的目的 MAC 地址,通过查询 MAC 地址表,决定将帧从哪个端口转发出去。但当交换机收到帧的目的 MAC 地址不在 MAC 地址表中时,交换机便会把该包"扩散"出去,即从所有端口发出去,就如同交换机收到一个广播包一样,这就暴露出传统局域网交换机的弱点:不能有效地解决广播、安全性控制等问题。利用 VLAN 技术可以逻辑隔离各个不同的子网、端口甚至主机,解决隔离广播和安全控制的问题。

通过前面的学习,已知道各个不同 VLAN 的计算机间可以通过路由器来完成数据的转发。由于局域网中数据流量很大,而路由器转发需要对每个数据包进行拆包、封包的操作,速度相对较慢。在这种情况下,路由器很容易成为网络的瓶颈。

三层交换(IP 交换技术)是相对于传统交换概念而提出的。三层交换技术在网络层中

实现了分组的高速转发。简单地说，三层交换技术就是"二层交换技术 ＋ 三层转发"。三层交换技术的出现，打破了局域网中划分子网后，各子网必须依赖路由器进行管理的局面，解决了传统路由器低速所造成的网络瓶颈问题。

4.2.5 三层交换机工作原理

三层交换机是具有路由功能的交换机，能够做到"一次路由，多次转发"。三层交换机路由模块与交换模块共同使用 ASIC 硬件芯片，可实现高速度的路由，并能够在对第一个数据包进行路由后，产生一个 MAC 地址与 IP 地址的映射表。当同样的数据包再次通过时，交换机会直接从二层转发，而不用再路由，从而消除了路由器因对每个数据包都进行拆包、封包再选择路径等操作而造成网络的延迟，大大提高了数据包转发的效率。另一方面，交换机的路由模块与交换模块是在交换机内部直接汇聚连接的，可以提供相当高的带宽。因此，使用三层交换机来配置 VLAN 和提供 VLAN 间的通信，比使用二层交换机和路由器更好，配置和使用也更方便。三层交换机的逻辑组成结构如图 4.4 所示。

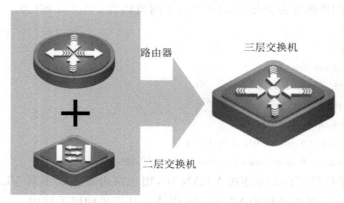

图 4.4 三层交换机的逻辑组成结构

4.2.6 交换机虚拟接口 SVI 的概念

交换机虚拟接口 SVI(Switch Visual Interface)是三层交换机内部的虚拟逻辑接口，具有三层的逻辑特性。三层交换机可以通过 SVI 接口实现 VLAN 间路由。实现的方法是在三层交换机上为各个 VLAN 创建 SVI 接口，并为 SVI 接口配置 IP 地址，作为各个 VLAN 中主机的网关。

下面通过图 4.5 所示的例子来说明基于 SVI 的数据交换过程。这里，PC1 和 PC2 的网关分别为三层交换机上相应 VLAN 的 SVI 的 IP 地址。当 PC1 向 PC2 发送数据时，数据帧中写入的目的 MAC 地址是 PC1 上配置的与网关 IP 对应的 MAC 地址，即三层交换机上 VLAN 10 的 MAC 地址。数据封装好后，经过二层转发到达三层交换机，三层交换机将数据交给路由进程处理，通过查看数据包中的目的地址，并查找路由表发现数据需要从 VLAN 20 的 SVI 接口转发出去，继而将数据交给交换进程处理。在 VLAN 20 的区域中对目的 IP 地址进行 ARP 请求，获取目的 IP 对应的 MAC 地址，最后查找 MAC 地址表将数据从相应端口转发出去到达目的主机 PC2。

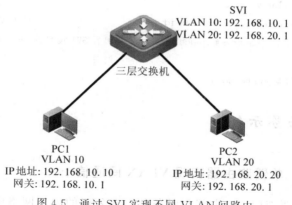

图 4.5　通过 SVI 实现不同 VLAN 间路由

4.2.7　三层交换机与路由器的区别

三层交换机与路由器的相同点是都具有路由功能,但两者在本质上还是存在相当大的区别的。

三层交换机与路由器的区别

1. 主要功能不同

三层交换机仍是交换机产品,只不过是它具备了一些基本路由功能,它的主要功能仍是数据交换。也就是说,它同时具备了数据交换和路由转发两种功能,但其主要功能还是数据交换,而路由器的主要功能是路由转发。

2. 适用环境不同

三层交换机的路由功能比较简单,主要面对简单的局域网连接,提供快速的数据交换功能,适应局域网数据交换频繁的特点。路由器是为了满足不同类型、各种复杂路径的网络连接,如局域网与广域网、不同协议的网络连接等。它的优势在于选择最佳路由、负荷分担、链路备份及和其他网络进行路由信息交换等。为了实现各类网络连接,路由器的接口类型非常丰富,而三层交换机一般仅有同类型的局域网接口,非常简单。

3. 性能体现不同

从技术上讲,路由器和三层交换机在数据包交换操作上存在明显区别。路由器由基于微处理器的软件路由引擎执行数据包交换,而三层交换机通过硬件执行交换。三层交换机在对第一个数据流进行路由后,将产生一个 MAC 地址与 IP 地址的映射表,当同样的数据流再次通过时,将根据此表直接从二层通过,从而消除网络延迟,提高数据包转发的效率。同时,三层交换机的路由查找是针对数据流的,它利用缓存技术,实现快速转发。

路由器的转发采用最长匹配的方式,转发效率较低。因此,三层交换机非常适用于数据交换频繁的局域网中,而路由器更适合于数据交换不是很频繁的不同类型网络的互联,如局域网与互联网的互联。

4.2.8　用于配置三层交换的相关命令

1. 创建 VLAN,并配置 SVI 接口的 IP 地址与子网掩码

① Switch(config)# ip routing　　//三层交换机开启路由功能,锐捷三层交换机默认已经开启此功能

② Switch(config)# vlan vlan-id   //创建 VLAN
③ Switch(config)# interface vlan vlan-id   //进入 VLAN 的 SVI 接口配置模式
④ Switch(config-if)# ip address ip-address mask //配置 SVI 接口的 IP 地址,此地址为相应 VLAN 的
                                                                                    网关
⑤ Switch(config-if)# no shutdown   //激活 SVI 接口

4.3 工作任务示例

4.3.1 示例 1：单臂路由器实现 VLAN 间通信

单臂路由器实现 VLAN 间通信任务示例

公司现有两个主要部门：人事部和财务部。在公司的内部网络中，PC1 属于人事部门的计算机，连接在二层交换机的 F0/1 接口上，PC2 属于财务部门的计算机，连接在二层交换机 F0/2 接口上。目前，公司有一台路由器可以使用。若你是某公司的网络管理员，为了安全和便于管理，要求你按部门对公司的内部网作 VLAN 的划分。人事部门的计算机 PC1 属于 VLAN 10，财务部门的计算机 PC2 属于 VLAN 20。根据公司管理的需要，公司要求人事部和财务部的计算机相互之间能够进行正常业务数据的相互访问。

公司局域网的网络拓扑与 IP 地址规划如图 4.6 和表 4.1 所示。

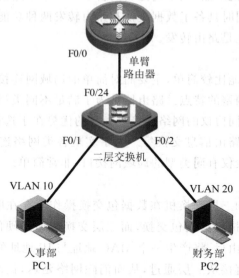

图 4.6 单臂路由器实现 VLAN 间路由

表 4.1 IP 地址规划

设备名称	IP 地址	子网掩码	VLAN ID	网关
人事部 PC1	192.168.10.10	255.255.255.0	VLAN 10	192.168.10.1
财务部 PC2	192.168.20.20	255.255.255.0	VLAN 20	192.168.20.1
路由器 F0/0.10	192.168.10.1	255.255.255.0		
路由器 F0/0.20	192.168.20.1	255.255.255.0		

项目四 三层网络设备实现 VLAN 间通信

🔲 任务目标

1. 在二层交换机上创建 VLAN，并将端口加入到 VLAN 中；
2. 将二层交换机连接路由器端口设置为 Trunk 模式；
3. 在路由器的物理端口上划分子接口；
4. 实现路由器子接口封装；
5. 在路由器上配置单臂路由，实现 VLAN 间通信。

🔲 具体实施步骤

步骤 1 在二层交换机上创建 VLAN 10 和 VLAN 20。

```
Switch>enable
Switch#config terminal
Switch(config)# vlan 10
Switch(config-vlan)# exit
Switch(config)# vlan 20
Switch(config-vlan)# exit
```

步骤 2 将 F0/1 接口加入到 VLAN 10 中，F0/2 接口加入到 VLAN 20 中。

```
Switch(config)# interface fastethernet 0/1           //进入到 F0/1 接口配置模式
Switch(config-if)# switchport access vlan 10         //将 F0/1 接口加入到 VLAN 10 中
Switch(config-if)# exit
Switch(config)# interface fastethernet 0/2           //进入到 F0/2 接口配置模式
Switch(config-if)# switchport access vlan 20         //将 F0/2 接口加入到 VLAN 20 中
Switch(config-if)# exit
```

步骤 3 将二层交换机 F0/24 接口模式设置为 Trunk。

```
Switch(config)# interface fastethernet 0/24          //进入到 F0/24 接口配置模式
Switch(config-if)# switchport mode trunk             //将 F0/24 接口设置为 Trunk 模式
Switch(config-if)# end
Switch#show vlan                                     //查看 VLAN 的信息
```

VLAN	Name	Status	Ports
1	default	active	Fa0/3 ,Fa0/4 ,Fa0/5
			Fa0/6 ,Fa0/7 ,Fa0/8
			Fa0/9 ,Fa0/10,Fa0/11
			Fa0/12,Fa0/13,Fa0/14
			Fa0/15,Fa0/16,Fa0/17
			Fa0/18,Fa0/19,Fa0/20
			Fa0/21,Fa0/22,Fa0/23
			Fa0/24
10	VLAN0010	active	Fa0/1 ,Fa0/24

```
20    VLAN0020                                active      Fa0/2 ,Fa0/24
Switch#show interface fastethernet 0/24 switchport          //查看F0/24端口Trunk配置状态
Interface   Switchport   Mode    Access   Native   Protected   VLAN lists
---------------------------------------------------------------------------
Fa0/24      Enabled      Trunk   1        1        Disabled    All
```

步骤 4　在路由器上配置接口 F0/0 的子接口。

```
Router>enable
Router#config t
Router(config)#interface fastEthernet 0/0                   //进入到路由器F0/0接口模式下
Router(config-if)#no shutdown                               //激活路由器F0/0接口
Router(config-if)#exit
Router(config)#interface fastEthernet 0/0.10                //进入到子接口F0/0.10配置模式下
Router(config-subif)#encapsulation dot1q 10
                                    //子接口采用802.1Q的封装模式,数据打上VLAN 10的标签
Router(config-subif)#ip address 192.168.10.1 255.255.255.0
                                    //为子接口F0/0.10配置IP地址与子网掩码
Router(config-subif)#exit
Router(config)#int fastEthernet 0/0.20                      //进入到子接口F0/0.20配置模式下
Router(config-subif)#encapsulation dot1q 20
                                    //子接口采用802.1Q的封装模式,数据打上VLAN 20的标签
Router(config-subif)#ip address 192.168.20.1 255.255.255.0
                                    //为子接口F0/0.20配置IP地址与子网掩码
Router(config-subif)#end
Router#show ip interface brief                              //查看接口IP地址配置
Interface             IP-Address(Pri)      OK?      Status
Serial 3/0            no address           YES      DOWN
FastEthernet 0/0.20   192.168.20.1/24      YES      UP
FastEthernet 0/0.10   192.168.10.1/24      YES      UP
FastEthernet 0/0      no address           YES      DOWN
FastEthernet 0/1      no address           YES      DOWN
```

步骤 5　分别在 PC1 和 PC2 上设置 IP 地址、子网掩码、默认网关等网络参数(图 4.7 和图 4.8)。

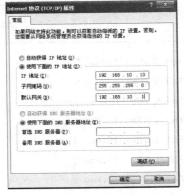
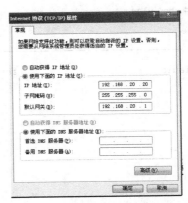

图 4.7　人事部 PC1 机的网络参数设置　　图 4.8　财务部 PC2 机的网络参数设置

步骤 6 测试 VLAN 间路由，人事部 PC1 能否 Ping 通财务部 PC2。

```
C:\>ping 192.168.20.20                    //在 PC1 的命令行方式下验证能否 Ping 通 PC2
Pinging 192.168.20.20 with 32 bytes of data:
Reply from 192.168.20.20: bytes=32 time<1ms TTL=63
Reply from 192.168.20.20: bytes=32 time<1ms TTL=63
Reply from 192.168.20.20: bytes=32 time<1ms TTL=63
Reply from 192.168.20.20: bytes=32 time<1ms TTL=63
Ping statistics for 192.168.20.20:
    Packets: Sent = 4, Received = 4, Lost = 0 (0% loss),
Approximate round trip times in milli-seconds:
    Minimum = 0ms, Maximum = 0ms, Average = 0ms
```

显示结果为不同 VLAN 之间的 PC1 和 PC2 能够相互通信。

注意事项

1. 二层交换机连接路由器的接口要配置成 Trunk 模式；
2. 路由器子接口封装中的 VLAN ID 必须要和交换机上划分 VLAN ID 相对应；
3. 各个 VLAN 内主机的默认网关要为路由器上对应的子接口 IP 地址。

4.3.2 示例 2：三层交换机实现 VLAN 间通信

公司现有两个主要部门：人事部和财务部。财务部门位于第一幢办公楼里，人事部门分散在两幢办公楼里。第一幢办公楼有一台可以设置的二层交换机，第二幢办公楼里有一台可以设置的三层交换机。若你是某公司里的网络管理员，为了安全和便于管理，要求你对两个部门的主机按部门进行 VLAN 的划分，财务部的计算机 PC1 连接在二层交换机的 F0/10 接口，属于 VLAN 10。人事部的计算机 PC2 连接在二层交换机的 F0/20 接口，属于 VLAN 20，人事部的计算机 PC3 连接在三层交换机的 F0/20 接口，属于 VLAN 20。为了满足公司业务发展的需要，公司领导要求你在二层交换机和三层交换机上做适当配置，使得各个部门的计算机之间能够相互访问正常的业务数据。

三层交换机实现 VLAN 间通信任务示例

公司局域网的网络拓扑与 IP 地址规划如图 4.9 和表 4.2 所示。

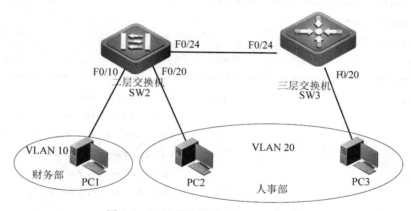

图 4.9 三层交换机实现 VLAN 间路由

表 4.2　IP 地址规划

设备名称	IP 地址	子网掩码	网关	连接的接口
财务部 PC1	192.168.10.10	255.255.255.0	192.168.10.1	二层交换机 F0/10
人事部 PC2	192.168.20.20	255.255.255.0	192.168.20.1	二层交换机 F0/20
人事部 PC3	192.168.20.30	255.255.255.0	192.168.20.1	三层交换机 F0/20
SVI VLAN 10	192.168.10.1	255.255.255.0		
SVI VLAN 20	192.168.20.1	255.255.255.0		

任务目标

1. 在二层交换机和三层交换机上创建 VLAN，并将相应的端口加入到 VLAN 中；
2. 在三层交换机上创建交换机虚拟接口，即 SVI 接口；
3. 在三层交换机上实现 VLAN 间通信。

具体实施步骤

步骤 1　在二层交换机上创建 VLAN 10，并将 F0/10 端口加入到 VLAN 10 中。

```
Switch>enable
Switch#configure terminal
Switch(config)#hostname SW2                              //将二层交换机命名为 SW2
SW2(config)#vlan 10
SW2(config-vlan)#exit
SW2(config)#interface fastethernet 0/10
SW2(config-if)#switchport access vlan 10
SW2(config-if)#exit
```

步骤 2　在二层交换机上创建 VLAN 20，并将 F0/20 端口加入到 VLAN 20 中。

```
SW2(config)#vlan 20
SW2(config-vlan)#exit
SW2(config)#interface fastethernet 0/20
SW2(config-if)#switchport access vlan 20
SW2(config-if)#end
SW2#show vlan                                            //查看 VLAN 的信息
VLAN Name                       Status    Ports
----------------------------------------------------------
1    default                    active    Fa0/1, Fa0/2, Fa0/3
                                          Fa0/4, Fa0/5, Fa0/6
                                          Fa0/7, Fa0/8, Fa0/9
                                          Fa0/11, Fa0/12, Fa0/13
                                          Fa0/14, Fa0/15, Fa0/16
                                          Fa0/17, Fa0/18, Fa0/19
```

			Fa0/21，Fa0/22，Fa0/23
			Fa0/24
10	VLAN0010	active	Fa0/10
20	VLAN0020	active	Fa0/20

步骤 3 在二层交换机上把二层交换机与三层交换机相连的接口 **F0/24** 设置为 **Trunk** 模式。

```
SW2#configure terminal
SW2(config)#interface fastethernet0/24
SW2(config-if)#switchport mode trunk
SW2#show interfaces f0/24 switchport            //查看 F0/24 端口 Trunk 配置状态
Interface    Switchport    Mode    Access    Native    Protected    VLAN lists
---------------------------------------------------------------------------
Fa0/24       Enabled       Trunk   1         1         Disabled     All
```

步骤 4 在三层交换机上把三层交换机与二层交换机相连的接口 **F0/24** 设置为 **Trunk** 模式。

```
Switch>enable
Switch#configure terminal
Switch(config)#hostname SW3                     //将三层交换机命名为 SW3
SW3(config)#interface fastethernet0/24
SW3(config-if)#switchport mode trunk
SW3#show interfaces f0/24 switchport            //查看 F0/24 端口 Trunk 配置状态
Interface    Switchport    Mode    Access    Native    Protected    VLAN lists
---------------------------------------------------------------------------
Fa0/24       Enabled       Trunk   1         1         Disabled     All
```

步骤 5 在三层交换机上创建 VLAN 10 和 VLAN 20，将相应的接口加入到 VLAN 中，创建 SVI 接口，并为 SVI 接口配置 IP 地址。

```
SW3#configure terminal
SW3(config)#vlan 10                                   //三层交换机上创建 VLAN 10
SW3(config-vlan)#exit
SW3(config)#vlan 20                                   //三层交换机上创建 VLAN 20
SW3(config-vlan)#exit
SW3(config)#int f 0/20
SW3(config-if-FastEthernet 0/20)#switchport access vlan 20
                                                //三层交换机 F0/20 接口加入到 VLAN 20 中
SW3(config-if)#exit
SW3(config)#int vlan 10                         //进入到 VLAN 10 的 SVI 接口配置模式下
SW3(config-if)#ip address 192.168.10.1 255.255.255.0
                        // 配置 SVI VLAN 10 接口的 IP 地址，此地址为 VLAN 10 中计算机的网关
SW3(config-if)#no shutdown                      //激活端口
SW3(config)#int vlan 20                         //进入到 VLAN 20 的 SVI 接口配置模式下
```

SW3（config-if）# ip address 192.168.20.1 255.255.255.0
　　　　　　　　　　　// 配置 SVI VLAN 20 接口的 IP 地址,此地址为 VLAN 20 中计算机的网关
SW3（config-if）# no shutdown　　　　　　　　　　　　　　　　　　　　　　　//激活端口
SW3（config-if）# end

步骤 6　分别在 PC1 和 PC2、PC3 上设置 IP 地址、子网掩码、默认网关等网络参数(图 4.10至图 4.12)。

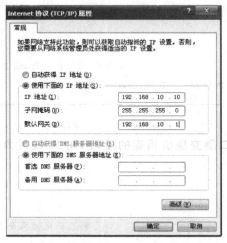 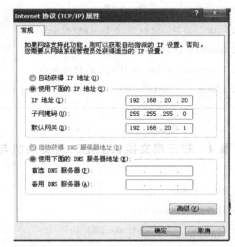

图 4.10　财务部 PC1 机的网络参数设置　　　图 4.11　人事部 PC2 机的网络参数设置

图 4.12　人事部 PC3 机的网络参数设置

步骤 7　查看财务部的计算机 PC1 是否能与人事部主机 PC2、PC3 相互通信。

在 PC1 上

C:\>ping 192.168.20.20　　　　　　　　　　　//在 PC1 的命令行方式下验证能否 ping 通 PC2

Pinging 192.168.20.20 with 32 bytes of data:

Reply from 192.168.20.20:bytes=32 time<10ms TTL=128

Reply from 192.168.20.20:bytes=32 time<10ms TTL=128

Reply from 192.168.20.20:bytes=32 time<10ms TTL=128

Reply from 192.168.20.20;bytes=32 time<10ms TTL=128

在 PC1 上

C:\>ping 192.168.20.30　　　　　　　　　　　//在 PC1 的命令行方式下验证能否 ping 通 PC3
Pinging 192.168.20.30 with 32 bytes of data;
Reply from 192.168.20.30;bytes=32 time<10ms TTL=128
Reply from 192.168.20.30;bytes=32 time<10ms TTL=128
Reply from 192.168.20.30;bytes=32 time<10ms TTL=128
Reply from 192.168.20.30;bytes=32 time<10ms TTL=128

显示结果为财务部的计算机 PC1 能与人事部的计算机 PC2、PC3 相互通信。

注意事项

1. 三层交换机和二层交换机所连接的接口要设置为 Trunk 模式；
2. 各个 VLAN 内主机的默认网关必须指定为相应 VLAN 的 SVI IP 地址。

4.4　项目小结

使用三层网络设备（路由器和三层交换机）可以实现不同 VLAN 之间的相互通信。传统路由器接口连接 VLAN 时，需要每个 VLAN 单独连接一个路由接口，将大量消耗路由接口，且实施起来不够灵活。单臂路由是在物理以太网接口上划分多个逻辑子接口，再对子接口进行封装来实现不同 VLAN 之间通信。单臂路由的优点是一个物理接口可以实现多个 VLAN 间的路由。缺点是灵活性不够，一个接口实现多个 VLAN 间通信，速度较慢很容易变成网络瓶颈。

三层交换机就是带有路由功能的交换机。三层交换机的最重要功能是加快大型局域网内部的数据交换，所具有的路由功能也是为这一目的服务，能够做到"一次路由，多次转发"。三层交换机适用于数据交换频繁的局域网中。路由器的路由功能虽然非常强大，但它的数据包转发效率远低于三层交换机，更适合于数据交换不是很频繁的不同类型网络之间的互联，如局域网与互联网的互联。因此，在同类型网络中实现不同 VLAN 之间的通信，最好使用三层交换机。

4.5　理解与实训

选择题

1. 下列关于 VLAN 的说法，正确的是（　　）？
   A. 在二层交换机上配置 VLAN，每个 VLAN 可以使用不同的物理链路连接到路由器的一个接口上
   B. 在一个物理接口下划分多个逻辑子接口，然后每个逻辑子接口可以接收到多个 VLAN 的数据

C. 一个 VLAN 就是一个独立的广播域

D. 一个 VLAN 就是一个公共的广播域

2. Router(config)# interface slot-number/interface-number 的命令为（　　）。

A. 开启路由器物理端口

B. 进入到路由器端口配置模式

C. 路由器从用户模式进入到特权模式

D. 退回到全局配置模式下

3. 当交换机收到帧的目的 MAC 地址不在 MAC 地址表中,交换机会把包（　　）。

A. 丢弃　　　　　　　　　　　　B. 原端口返回

C. 从所有端口发出去　　　　　　D. 从指定端口发出去

4. 下列不是路由器的优势的是（　　）。

A. 数据交换　　　　　　　　　　B. 最佳路径交换

C. 负荷分担　　　　　　　　　　D. 链路分担

5. 路由器转发采用什么方式？（　　）

A. 采用最长匹配方式,转发效率低

B. 采用最短匹配方式,转发效率高

C. 采用最长匹配方式,转发效率高

D. 采用最短匹配方式,转发效率低

填空题

1. 不同 VLAN 的主机可以通过_____、_____设备实现通信。

2. 路由器子接口的封装形式有_____和_____。

3. 在 6 个 VLAN 间实现"单臂路由"VLAN 间路由时,需要使用的物理接口是_____个。

4. 三层交换机是带有_____功能的交换机,能够做到"_____"。

问答题

1. 简述单臂路由器如何实现 VLAN 间通信？

2. 简述二层交换机和三层交换机的区别？

3. 简述三层交换机如何实现 VLAN 间通信？

实训任务

任务 1：公司现有人事部、财务部和销售部。若你是某公司里的网络管理员,为了安全和便于管理,要求对 3 个部门的主机按部门进行 VLAN 的划分。现由于业务的需要,人事部、财务部和销售部的主机要求能够相互访问。公司有一台路由器可以使用。

如图 4.13 所示,PC1、PC2、PC3 的 IP 地址分别为 192.168.10.10/24、192.168.11.11/24、192.168.12.12/24,PC1、PC2、PC3 分别属于 VLAN 10、VLAN 11 和 VLAN 12,默认网关分别指定为 VLAN 10、VLAN 11 和 VLAN 12 在路由器上的对应子接口的 IP 地址 192.168.10.1、192.168.11.1 和 192.168.12.1。通过适当配置使 PC1、PC2、PC3 实现信息的共享和传递。

项目四 三层网络设备实现 VLAN 间通信

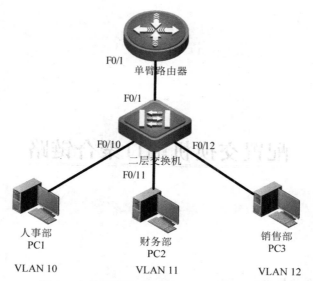

图 4.13 使用单臂路由器实现 VLAN 间路由

任务 2：公司现有人事部、财务部和销售部。若你是某公司里的网络管理员，为了安全和便于管理，要求对 3 个部门的主机按部门进行 VLAN 的划分。现由于业务的需要，人事部、财务部和销售部的主机要求能够相互访问。公司有一台三层交换机可以使用。

如图 4.14 所示，PC1、PC2、PC3 的 IP 地址分别为 192.168.10.10/24、192.168.11.11/24、192.168.12.12/24，PC1、PC2、PC3 分别属于 VLAN 10、VLAN 11 和 VLAN 12，默认网关分别指定为 VLAN 10、VLAN 11 和 VLAN 12 在三层交换机对应 SVI 接口的 IP 地址 192.168.10.1、192.168.11.1 和 192.168.12.1。通过适当配置使 PC1、PC2、PC3 实现信息的共享和传递。

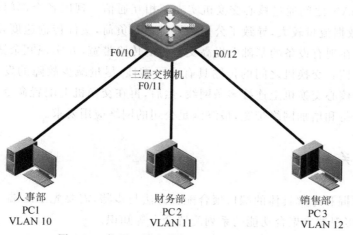

图 4.14 使用三层交换机实现 VLAN 间通信

项目五

配置交换机端口聚合链路

教学目标

1. 了解端口聚合的概念;
2. 了解端口聚合的优点;
3. 熟悉交换机端口聚合的配置命令;
4. 掌握在交换机上配置端口聚合的方法。

5.1 项目内容

某公司设有经理、行政、财务、人事等部门,公司有多台应用服务器连接在网络中心的核心交换机上。为了提高公司网络性能,网管员已按照部门将公司网络划分成了多个不同的VLAN,且各VLAN之间通过核心交换机实现了相互通信。现因各个部门访问公司服务器比较频繁,网络数据流量较大,导致了公司网络带宽超负荷,文件传输速度较慢。为此,公司要求网络管理员在现有设备的基础上提高交换机的传输带宽,并实现冗余链路的备份,以使得部门交换机与核心交换机之间的传输具有高可靠性,尽量减少故障的发生。本项目通过在部门交换机与核心交换机上连接多条网线,然后,再在交换机上配置命令系列的方法来实现冗余链路的备份和增加网络带宽,最终满足公司的网络应用要求。

5.2 相关知识

为了便于掌握和理解具体的端口聚合配置方法与步骤,需要先了解端口聚合的概念、端口聚合的优点、实现端口聚合功能的系列配置命令等知识。

5.2.1 端口聚合的概念

在交换网络中,交换机之间的网络带宽可能无法满足网络需求,从而成为网络带宽的瓶颈。一种解决方法是购买千兆或万兆交换机,提高端口速率来增加

端口聚合的基本
概念和特点

网络带宽,但这种办法的成本过高。另一种方法是使用端口聚合将交换机的多个端口在逻辑上捆绑成一个端口,形成一个带宽为绑定端口之和的端口,称为端口聚合。

端口聚合又称链路聚合,是指两台交换机之间在物理上将多个端口连接起来,将多条链路聚合成一条逻辑链路,从而增大链路带宽,解决交换网络中因带宽引起的网络瓶颈问题。另外,多条物理链路之间还能够实现相互冗余备份,其中任意一条链路断开,不会影响其他链路的正常传输。

如图 5.1 所示,两台交换机之间通过两条物理链路相连,将这两条链路聚合成为一条逻辑链路,以提高链路带宽,并能实现两条链路的负载均衡和相互备份。假如交换机之间一条链路带宽为 100Mbps,则聚合之后的链路带宽变为 200Mbps。锐捷交换机最多可以支持 8 个物理端口组成一个聚合端口。

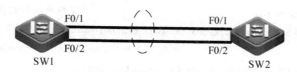

图 5.1 交换机端口聚合

在配置端口聚合时,必须遵循以下一些规则。

(1) 组里端口速率必须一样。指的是加入到端口组的所有成员端口速率必须相同,都为 100Mbps 或者为 1000Mbps。

(2) 组里端口使用的传输介质必须相同。若有的端口使用光纤作为传输介质,有的端口使用双绞线作为传输介质,则它们就不能组成聚合端口,必须都为光纤或者都为双绞线。

5.2.2 端口聚合的优点

1. 增加网络带宽

端口聚合可以将多个连接的端口捆绑成为一个逻辑连接,捆绑后的带宽是每个独立端口的带宽总和。当端口上的流量增加而成为限制网络性能的瓶颈时,采用支持该特性的交换机可以方便地增加网络的带宽。例如,可以将 4 个 100Mbps 端口连接在一起组成一个 400Mbps 的连接。该特性可适用于 10 M、100 M、1000 M 以太网。

2. 提高网络连接的可靠性

当主干网络以很高的速率连接时,一旦出现网络连接故障,后果将不堪设想。高速服务器以及主干网络连接必须保证绝对的可靠。采用端口聚合可以对这种故障进行保护。例如,将一根电缆错误地拔下来不会导致链路中断。也就是说,组成端口聚合的一个端口,一旦某一端口连接失败,网络数据将自动重定向到那些好的链接上。这个过程非常快,用户基本上感觉不到网络故障。端口聚合可以保证网络无间断地正常工作,提高了网络的可靠性。

5.2.3 用于配置端口聚合的相关命令

1. 创建聚合端口

锐捷交换机使用命令:

① Switch#config terminal　　　　　//交换机从特权模式进入到全局配置模式

端口聚合的配置命令点

② Switch(config)#interface aggregateport aggregateport-number
//创建聚合端口,aggregateport-number 指的是聚合端口编号
③ Switch(config)#switchport mode trunk
//可选命令,若交换机配置了多个 VLAN,则聚合端口需设置为 Trunk 模式
④ Switch(config)#end   //从全局配置模式退回到特权模式

操作示例：若图 5.1 所示的交换机为锐捷交换机,请为该交换机创建聚合端口 1。
Switch#config t
Switch(config)#interface aggregateport 1
Switch(config)#switchport mode trunk
Switch(config)#end

CISCO 交换机使用命令：
① Switch#config terminal   //交换机从特权模式进入到全局配置模式
② Switch(config)#interface port-channel port-channel-number
//创建聚合端口,port-channel-number 指的是聚合端口的编号
③ Switch(config-if)#switchport trunk encapsulation dot1q
//可选命令,若是 CISCO 三层交换机端口要配置 Trunk 模式,端口必须先封装成 dot1q
④ Switch(config)#switchport mode trunk
//可选命令,若交换机配置了多个 VLAN,则聚合端口需设置为 Trunk 模式
⑤ Switch(config)#end   //从全局配置模式退回到特权模式

操作示例：若图 5.1 所示的交换机为 CISCO 的三层交换机,请为该交换机创建聚合端口 1。
Switch#config t
Switch(config)#interface port-channel 1
Switch(config-if)#switchport trunk encapsulation dot1q
Switch(config)#switchport mode trunk
Switch(config)#end

2．将物理端口加入到聚合端口中
锐捷交换机使用命令：
① Switch#config terminal   //交换机从特权模式进入到全局配置模式
② Switch(config)# interface range type number
//从全局配置模式进入到同时操作多个端口的模式,type 指的是交换机端口类型,number 指的是端口号
③ Switch(config-if)# port-group aggregateport-number   //同时将多个端口加入到聚合端口中
④ Switch(config)#end   //从全局配置模式退回到特权模式
⑤ Switch#show aggregateport port-number summary   //查看端口聚合信息

操作示例：若图 5.1 所示的交换机为锐捷交换机,交换机已经创建了聚合端口 1。请将交换机的 F0/1 和 F0/2 端口加入到聚合端口 1 中。
Switch#config t
Switch(config)#interface range f 0/1-2   //同时进入到 F0/1 和 F0/2 的操作模式下
Switch(config-if)#port-group 1   //将 F0/1 和 F0/2 加入到聚合端口 1 中
Switch(config)#end
Switch#show aggregateport 1 summary

CISCO 交换机使用命令：

项目五　配置交换机端口聚合链路

① Switch#config terminal　　　　　　　　　　　//交换机从特权模式进入到全局配置模式
② Switch(config)# interface range type number
　　　　　　　　　　　　　　　　　　　　　　//从全局配置模式进入到同时操作多个端口的模式
③ Switch(config-if)# channel-group port-channel-number mode on
　　　　　　　　　　　　　　　　　　　　　　//同时将多个端口加入到聚合端口中
④ Switch(config)# end　　　　　　　　　　　　//从全局配置模式退回到特权模式
⑤ Switch#show etherchannel summary　　　　　　//查看端口聚合信息

操作示例：若图 5.1 所示的交换机为 CISCO 的三层交换机，交换机上创建聚合端口 1。请将交换机的 F0/1 和 F0/2 端口加入到聚合端口 1 中。

Switch#config t
Switch(config)# interface range f 0/1－2　　　　//同时进入到 F0/1 和 F0/2 的操作模式下
Switch(config-if)# channel-group 1 mode on　　//将 F0/1 和 F0/2 加入到聚合端口 1 中
Switch(config)# end
Switch#show etherchannel summary

端口聚合工作任务示例

5.3　工作任务示例

若你是公司的网络管理员，公司主要由人事部门和行政部门组成。人事部门的计算机 PC1 属于 VLAN 10，行政部门的计算机 PC2 属于 VLAN 20，公司有一台文件服务器 Server1，属于 VLAN 30。PC1 和 PC2 连接在二层交换机 SW2 的 F0/1 和 F0/2 接口上，Server1 连接在三层交换机的 F0/10 接口上。公司人事部门和行政部门的计算机每天都有大量数据需要传输到文件服务器 Server1 上，由于网络数据流量较大，导致公司网络带宽超负荷，文件传输速度较慢。公司领导要求你既要保证公司网络传输速度，又要保证减少网络传输的故障。

公司局域网的网络拓扑与 IP 地址规划如图 5.2 和表 5.1 所示。

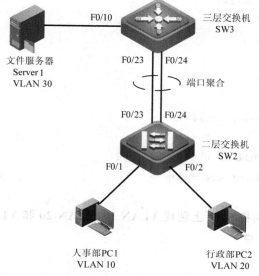

图 5.2　交换机之间端口聚合配置

63

表 5.1 IP 地址规划

设备名称	IP 地址	子网掩码	VLAN ID	网关
人事部 PC1	192.168.10.10	255.255.255.0	VLAN 10	192.168.10.254
行政部 PC2	192.168.20.20	255.255.255.0	VLAN 20	192.168.20.254
文件服务器 Server1	192.168.30.30	255.255.255.0	VLAN 30	192.168.30.254
SVI VLAN 10	192.168.10.254	255.255.255.0		
SVI VLAN 20	192.168.20.254	255.255.255.0		
SVI VLAN 30	192.168.30.254	255.255.255.0		

任务目标

1. 在二层和三层交换机上创建 VLAN，并将相应的端口加入到 VLAN 中；
2. 二层交换机和三层交换机创建聚合端口，设置聚合端口模式为 Trunk；
3. 在三层交换机上创建交换机虚拟接口，即 SVI 接口，并配置 IP 地址，使 PC1、PC2 和 Server1 实现通信。
4. 测试：断开二层交换机与三层交换机之间的一条链路，PC1、PC2 和 Server1 仍能通信。

具体实施步骤

步骤 1 在二层交换机 SW2 上创建 VLAN 10 和 VLAN 20，并将 F0/1 和 F0/2 端口加入到相应的 VLAN 中。

```
Switch>enable
Switch#config t
Switch(config)#hostname SW2
SW2(config)#vlan 10
SW2(config-vlan)#exit
SW2(config)#vlan 20
SW2(config-vlan)#exit
SW2(config)#int f0/1
SW2(config-if)#switchport access vlan 10
SW2(config-if)#exit
SW2(config)#int fastEthernet 0/2
SW2(config-if)#switchport access vlan 20
SW2(config-if)#end
```

步骤 2 在三层交换机 SW3 上创建 VLAN 10、VLAN 20 和 VLAN 30，并将 F0/10 端口加入到相应的 VLAN 30 中。

```
Switch>enable
Switch#config t
```

```
Switch(config)#hostname SW3
SW3(config)#vlan 10                          //创建VLAN 10,用于为VLAN 10的SVI端口配置IP地址
SW3(config-vlan)#exit
SW3(config)#vlan 20                          //创建VLAN 20,用于为VLAN 20的SVI端口配置IP地址
SW3(config-vlan)#exit
SW3(config)#vlan 30
SW3(config-vlan)#exit
SW3(config)#int f0/10
SW3(config-if-FastEthernet 0/10)#switchport access vlan 30
SW3(config-if-FastEthernet 0/10)#end
```

步骤3 创建聚合端口AG1,端口设置为Trunk模式,并将二层交换机和三层交换机的F0/23、F0/24端口加入到AG1中。

在二层交换机SW2上配置:

```
SW2#config t
SW2(config)#int aggregatePort 1                               //创建聚合端口AG1
SW2(config-if)#switchport mode trunk
SW2(config-if)#exit
SW2(config)#int range fastEthernet 0/23-24
SW2(config-if-range)#port-group 1                             //将F0/23-24端口加入到聚合端口AG1中
SW2(config-if-range)#end
SW2#show aggregatePort 1 summary                              //查看聚合端口AG1的状态
```

AggregatePort	MaxPorts	SwitchPort	Mode	Ports
Ag1	8	Enabled	Trunk	Fa0/23,Fa0/24

在三层交换机SW3上配置:

```
SW3#config t
SW3(config)#int aggregateport 1
SW3(config-if-AggregatePort 1)#switchport mode trunk
SW3(config-if-AggregatePort 1)#exit
SW3(config)#int range f 0/23-24
SW3(config-if-range)#port-group 1
SW3#show aggregatePort 1 summary
```

AggregatePort	MaxPorts	SwitchPort	Mode	Ports
Ag1	8	Enabled	Trunk	Fa0/23,Fa0/24

步骤4 在三层交换机上设置VLAN 10、VLAN 20和VLAN 30的SVI地址。

```
SW3#config
SW3(config)#int vlan 10
SW3(config-if-VLAN 10)#ip address 192.168.10.254 255.255.255.0
SW3(config-if-VLAN 10)#exit
SW3(config)#int vlan 20
```

```
SW3(config-if-VLAN 20)# ip address 192.168.20.254 255.255.255.0
SW3(config-if-VLAN 20)# exit
SW3(config)# int vlan 30
SW3(config-if-VLAN 30)# ip address 192.168.30.254 255.255.255.0
SW3(config-if-VLAN 30)# end
SW3# show ip int b
Interface          IP-Address(Pri)          OK?          Status
VLAN 10            192.168.10.254/24        YES          UP
VLAN 20            192.168.20.254/24        YES          UP
VLAN 30            192.168.30.254/24        YES          UP
```

步骤 5　设置 PC1、PC2 和 Server1 的 IP 地址和网关。设置如图 5.3 至图 5.5 所示。

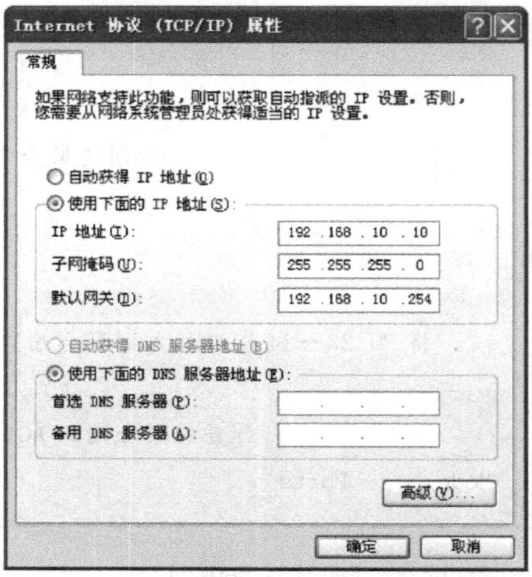

图 5.3　人事部 PC1 机的网络参数设置　　　　图 5.4　行政部 PC2 机的网络参数设置

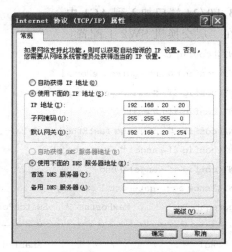

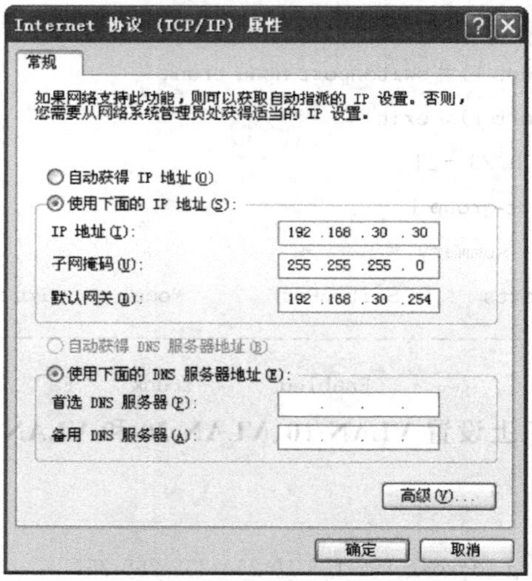

图 5.5　文件服务器 Server1 的网络参数设置

步骤 6　测试：断开二层交换机的 F0/23 端口，人事部门的 PC1 与 Server1 仍能相互通信。测试结果如图 5.6 所示。

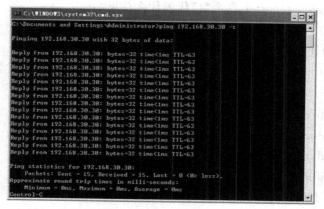

图 5.6　端口聚合测试

注意事项

1. 操作顺序必须是"先配置、后连接"，即须在两台交换机都配置完端口聚合的命令后，才能再将两台交换机用线缆连接起来。否则，如果先连接，再配置聚合端口的话，会造成网络广播风暴，影响交换机的正常工作。

2. 只有同种类型的端口才能配置为聚合端口。

5.4　项目小结

端口聚合可以把多个物理链接捆绑在一起形成一个逻辑链接。它可以用于扩展链路带宽，将多个物理链路捆绑在一起后，不但可以提升整个网络的带宽，而且数据还可以同时由被绑定的多个物理链路传输，具有链路冗余的作用。在网络出现故障或其他原因断开其中一条或多条链路时，剩下的链路还可以工作，从而提供更高的连接可靠性。

5.5　理解与实训

选择题

1. 若交换机配置了多个 VLAN，则聚合端口需设为什么模式？（　　）
A. Access 模式　　　　　　　　　　B. Trunk 模式
C. hybrid 模式　　　　　　　　　　D. 任意模式

2. 以下关于链路聚合的哪些说法是正确的？（　　）
A. 任何端口类型都能配置为聚合端口
B. 不同的端口类型能配置为聚合端口

C. 同种类型的端口才能配置为聚合端口

D. 一个 Trunk 类型的端口和一个 Access 类型的端口能配置为聚合端口

3. interface aggregateport 1 这个"1"代表什么意思？（　　）

A. 无任何意义　　　　　　　　B. 聚合端口的编号

C. 聚合端口的优先级　　　　　D. 聚合端口的进程号

4. 若是 CISCO 三层交换机端口要配置 Trunk 模式，端口必须先封装成 dot1q，其命令为（　　）。

A. Switch(config)#switchport trunk encapsulation dot1q

B. Switch(config-if)#switchport trunk encapsulation dot1q

C. Router(config-if)#switchport trunk encapsulation dot1q

D. Switch(config-if)#switchport trunk encapsulation dot1q 10

5. 聚合的优点有哪些？（　　）

A. 增加网络带宽　　　　　　　B. 提高网络连接可靠性

C. 提高网络安全性　　　　　　D. 防止网络遭受攻击

6. 链路聚合在下面哪些设备中可以使用？（　　）

A. 交换机　　　　　　　　　　B. PC

C. 路由器　　　　　　　　　　D. 防火墙

7. 要用端口聚合技术需要满足下面哪两点？（　　）

A. 组里端口速率必须一样

B. 组里端口使用的传输介质必须相同

C. 组里端口速率必须达到 1000Mbps 以上

D. 组里端口必须使用双绞线

8. 查看端口聚合信息，其命令为（　　）。

A. Switch#show aggregateport port-number summary

B. Switch#show aggregate port-number summary

C. Switch#show aggregateport summary

D. Switch#show aggregateport number summary

填空题

1. 端口聚合又称_____。

2. 在交换网络中，交换机之间的网络带宽可能无法满足网络需求，其中一种解决方法是购买千兆或万兆交换机，另一种是使用_____将交换机的多个端口在逻辑上捆绑成一个端口。

3. 两台交换机之间通过两条物理链路相连，将这两条链路聚合成为一条逻辑链路，以提高链路带宽，并能实现两条链路的_____和_____。

4. 若有的端口使用光纤作为传输介质，有的端口使用双绞线作为传输介质，则它们就不能相互组成聚合端口，必须都为_____或者都为_____。

问答题

1. 请简述端口聚合的概念？
2. 请简述端口聚合的优点？
3. 在配置端口聚合时，必须遵循哪些规则？

实训任务

若你是公司的网络管理员，公司的财务部和人事部门每天都有大量的数据上传到公司的 FTP 服务器上。为了增加网络带宽，你考虑在公司二层交换机和三层交换机的 F0/21—24 端口上同时连接 4 条链路，形成一个聚合端口。二层交换机的 F0/10 端口连接财务部门的计算机 PC1，F0/20 端口连接人事部门的 PC2。三层交换机的 F0/1 端口连接公司的 FTP 服务器。请你根据图 5.7 完成聚合端口的设置。设置完成后，利用 FTP 服务器下载文件进行验证，与交换机使用单条链路相比，使用端口聚合时文件下载速度是否增加，请用截图方式保存结果。

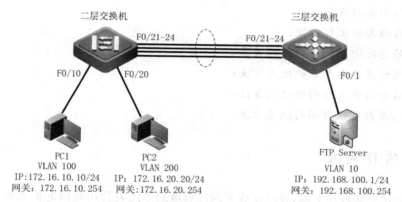

图 5.7　端口聚合提高链路带宽拓扑

项目六

静态路由的配置

教学目标

1. 了解路由器的基本概念；
2. 了解路由表的概念；
3. 理解路由器的工作原理；
4. 了解静态路由与默认路由的关系；
5. 掌握路由器基本参数的配置方法；
6. 掌握路由器静态路由的配置方法；
7. 掌握路由器默认路由的配置方法。

6.1 项目内容

某外贸公司总部设在上海，并已建成了内部局域网。随着公司规模的扩大和业务的增加，公司欲在杭州设立分公司。公司总部希望和分公司联网，使总部的计算机与分公司的计算机之间能够像同一个内网中的计算机一样相互访问。为此，分别在公司总部与分公司的网络边缘部署路由器，通过在路由器上进行设置实现公司总部与分公司之间的网络通信。本项目通过在路由器和三层交换机上设置静态路由，来满足公司总部与分公司网络之间的联网要求。

6.2 相关知识

为了便于理解和掌握静态路由的配置方法与步骤，需要先了解路由器的基本概念、路由表的概念、路由器工作原理、静态路由与默认路由，以及实现静态路由功能的系列配置命令等知识。

路由器的基本概念与原理

6.2.1 路由器的基本概念

路由器可看作是一台专门用来把多个网络连接成一个网络的专用计算机，它由专用 CPU、存储器、接口、总线等组成，还配有专门的操作系统软件，如思科的 IOS，锐捷的

项目六　静态路由的配置

RGNOS 等。第一台路由器是一台接口信息处理机(IMP)，最早出现在美国国防部高级研究计划局网络(ARPANET)中。IMP 是一台 Honeywell 516 小型计算机，1969 年 8 月 30 日，ARPANET 在它的支持下开始运作。ARPANET 是当今 Internet 的前身。图 6.1 所示为一台真实的锐捷路由器的外观照片。

图 6.1　锐捷路由器的外观

路由器的作用是在网络间将数据包从一个子网转发到另一个子网。作为不同网络之间相互连接的枢纽，路由器构建了 Internet 的主体骨架。以图 6.2 所示的网络结构为例，如果一台位于杭州的 PC 机需要访问一台位于北京的服务器，数据包该从哪条路径传递？具体的传递过程如下。

首先，杭州的 PC 机必须把数据包交给杭州的路由器。杭州的路由器有 3 种转发方向可以选择：往上海、南京还是武汉。以此类推，沿途各级路由器都存在相同的路径选择问题。在网络中，数据传递路径被称为"路由"。"路由"也可理解为通过相互连接的网络把信息按路由选择协议从源地点传递到目标地点的活动。路由器就是通过"路由"来决定数据的转发方向的。因此，"路径选择"就是路由的选择，这是路由器要解决的关键的问题。路由器最根本的任务就是实现路径选择和数据转发。

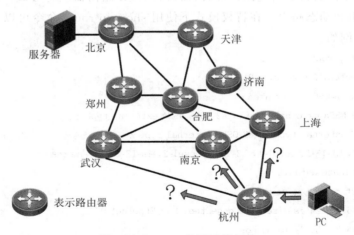

图 6.2　Internet 骨干网络拓扑

路径选择是判定能到达目的网络的最佳路线，是由路由选择算法来实现的。路由转发是沿着最佳路径传送数据分组。两者统称为路由协议，可分为路由选择协议(Routing Protocol)和路由转发协议(Routed Protocol)，如图 6.3 所示。路由选择协议为确定数据转发方向提供了算法和依据，以此生成路由表。路由选择协议可分为静态路由协议和动态路由协议，这些协议是路由器配置的主要内容。而路由转发协议是通过查找路由表，将数据包发送到下一跳,遇到不知道该如何发送的数据包,路由器会将其丢弃。

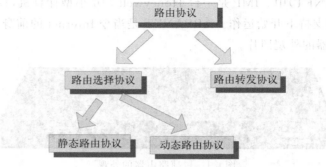

图 6.3　路由协议基本分类

6.2.2　路由表的概念

路由表是存储在路由器或者其他互联网网络设备上,用来确定数据包发送方向的路由数据记录表。该表中保存有到达任何目的网络或主机的下一个路由器的地址,在某些情况下还保存有一些到达目的网络或主机的相关度量值。

路由表是由一条条路由信息组成的。路由表的生成方式分为直连路由和非直连路由两类。直连路由是在配置完路由器网络接口的 IP 地址后自动生成的,因此,如果没有对这些接口进行特殊的限制,这些接口所直连的网络之间就可以直接通信。非直连路由包括静态路由和动态路由,它是指手工配置的路由或通过运行动态路由协议而获得的路由。

无论是直连路由还是非直连路由,路由器运行后,在路由器上将形成三类路由信息:直接路由、静态路由和动态路由。在特权模式下使用 show ip route 命令可以查看路由器中的实时路由信息。例如:

```
RouterA# show ip route
Codes: C-connected, S-static, R-RIP B-BGP
       O-OSPF, IA-OSPF inter area
       N1-OSPF NSSA external type 1, N2-OSPF NSSA external type 2
       E1-OSPF external type 1, E2-OSPF external type 2
       i-IS-IS, L1-IS-IS level-1, L2-IS-IS level-2, ia-IS-IS inter area
       *-candidate default
Gateway of last resort is no set
       C 172.16.1.0/24 is directly connected, FastEthernet 0/1
       C 172.16.1.1/32 is local host.
       C 172.16.2.0/24 is directly connected, FastEthernet 0/0
       C 172.16.2.1/32 is local host.
       S 172.16.10.0/24 [1/0] via 172.16.1.2
       S* 172.16.20.0/24 [1/0] via 172.16.2.2
       O 172.16.3.0/24 [110/2] via 172.16.2.2, 00:05:21, FastEthernet 0/0
       R 172.16.5.0/24 [120/2] via 172.16.1.2, 00:14:51, FastEthernet 0/1
```

路由表项中的第一位 C(Connected)代表直连路由,S(Static)代表静态路由,S*(Static

candidate default)代表默认路由，R(RIP)代表 RIP 路由，O(OSPF)代表 OSPF 路由。默认路由是静态路由的一种特殊情况，RIP 路由和 OSPF 路由属于动态路由。

6.2.3 路由器工作原理

当 IP 子网中的一台主机 A 发送 IP 分组给同一子网的另一台主机 B 时，它将把 IP 分组封装到"MAC 帧"内，通过交换机直接送到主机 B。子网内部是通过 MAC 地址寻址的，主机 A 可以通 ARP 协议获取到主机 B 的 MAC 地址，封装"帧"时，只需将主机 B 的 MAC 地址作为目的 MAC 地址就能实现。

如果主机需要将数据发送给不同子网上的主机时，它要选择一个能到达目的子网的路由器，把 IP 分组发送给该路由器，由该路由器负责把 IP 分组送到目的地。如果没有找到这样的路由器，主机就把 IP 分组发送给一个称为"默认网关(Default Gateway)"的路由器，由默认网关完成数据转发。"默认网关"是每台主机上的一个配置参数，它与这些主机在同一子网内。

路由器转发 IP 分组时，只根据 IP 分组中目的 IP 地址的网络号来选择合适的端口，把 IP 分组发送出去。同主机一样，路由器也要判定端口所接的是否就是目的子网。如果是，就直接把分组通过端口送到网络上，否则就要选择下一个路由器来转发分组。路由器也可以有它的默认网关，用来转发找不到目的 IP 地址所在端口的 IP 分组。按照这个方法，路由器把知道如何传送的 IP 分组正确转发出去，把不知道发往何处的 IP 分组统统转发给"默认网关"路由器。以此类推，IP 分组最终将被传送到目的网络，无法送达目的网络的 IP 分组则被路由器丢弃。

6.2.4 静态路由与默认路由

静态路由是指由网络管理员手工设置的路由信息。它是一种最简单的路由配置方法，一般用在小型网络或拓扑相对固定的网络中。网络管理员易于清楚地了解网络的拓扑结构，便于设置正确的路由信息。静态路由可以减轻路由器路由计算的负担，一定程度上可以提高网络的性能。静态路由的网络安全保密性高。由于动态路由需要路由器之间频繁地交换各自的路由表，而对路由表的分析可以揭示网络的拓扑结构和网络地址等信息，因此，网络出于安全方面的考虑也可以采用静态路由。

大型和复杂的网络环境通常不宜采用静态路由。一方面，由于手工设置所需的工作量巨大，因此很难采用静态路由来全面地配置整个网络。更重要的一方面是，当网络的拓扑结构和链路状态发生变化时，路由器中的静态路由信息需要大范围地实时、自动调整，这是难以依靠手工设置静态路由来实现的，这种情况下，必须使用动态路由技术。

默认路由是一种特殊的静态路由，是指当路由器在路由表中找不到可到达目的网络的路由时最终采用的路由。默认路由的含义相当于在普通计算机上设置的默认网关。默认路由也是由网络管理员手动设定的。默认路由在路由器上十分常见，通过设置默认路由，路由器便不需要存储通往 Internet 中所有网络的路由，而只需要存储一条默认路由来代表不在路由表中的任何网络。

6.2.5 路由器基本配置命令和静态路由配置命令

静态路由基本配置命令

路由器管理方式与交换机基本相同,分带外管理和带内管理两种管理方式。带外管理通过连接 Console 口与计算机的 COM 口（或 USB 口）来进行,带内管理有 Telnet、WEB 页面管理和基于 SNMP 的管理三种方式。与交换机不同的是,路由器上有一个 AUX 口,可以连接调制解调器实现远程管理,对路由器进行配置。

路由器的配置模式与交换机基本一致,主要包括:用户模式、特权模式、全局配置模式、端口配置模式。但路由器还增加了线路配置模式和路由配置模式,在线路配置模式下可以对路由器的虚链路进行配置,在路由模式下可以配置路由协议等。各模式之间存在"层次递进"关系,可以通过命令相互转换。具体的配置命令通过命令行方式输入。各模式的具体用途如下。

(1) 用户模式。登录到路由器后进入的第一个操作模式。在该模式下,可以简单查看路由器的软、硬件版本信息,并进行简单的测试。

用户模式提示符为 Router＞

(2) 特权模式。在用户模式下,使用 enable 命令进入的下一级模式。在该模式下,可以对路由器的配置文件进行管理,查看路由器的配置信息,进行网络的测试和调试等操作。

操作示例：路由器从用户模式进入到特权模式的输入命令为：

① Router＞ enable
② Router #

特权模式的提示符为 Router #

(3) 全局配置模式。在特权模式下,使用 configure terminal 命令进入的下一级模式。在该模式下,可以配置路由器的全局性参数,如主机名、登录信息等。

操作示例：路由器从用户模式进入到全局配置模式的输入命令为：

① Router＞ enable
② Router # configure terminal
③ Router(config) #

全局配置模式提示符为 Router(config) #

(4) 端口配置模式。属于全局模式的下一级模式,端口配置模式只影响具体的接口,进入端口配置模式的命令必须指明端口的类型。全局配置模式下使用 interface type mod/port 命令进入端口配置模式。"type"代表类型,如 fastethernet 表示是快速以太网的端口,serial 代表是串口,用于路由器和路由器之间的连接。参数"mod"表示模块号,"0"代表第一个模块,"1"代表第二个模块,以此类推。固定模块用"0"表示。参数"port"代表端口号,如"0"代表第一个端口,"1"代表第二个端口,以此类推。

操作示例：从用户模式进入到路由器端口 fastethernet 0/10 配置模式的命令样例如下：

① Router＞ enable
② Router # configure terminal
③ Router(config) # interface fastethernet 0/1
④ Router(config-if) #

端口模式提示符为 Router(config-if) #

(5) 线路配置模式。线路配置模式可以对控制台访问及远程登录访问等进行配置。可以使用 line console 等命令配置控制台，有些时候，控制台上的显示消息（如 debug 消息）经常会中断用户的输入，虽然这对实际输入的命令没有影响，但是却给工作带来了不便，使用 logging synchronous 命令可以同步控制台的输入。使用 exec-timeout 0 0 命令可以让路由器控制台不会自动退出。这两条命令在实际工作中比较常用。

操作示例：从用户模式进入到线路配置模式，设置路由器控制台不自动退出和同步控制台的输入的操作命令为：

① Router＞ enable
② Router# configure terminal
③ Router(config)# line console 0
④ Router(config-line)# exec-timeout 0 0   //设置控制台超时值为零，不自动退出
⑤ Router(config-line)# logging synchronous   //同步控制台的输入
⑥ Router(config-line)# end

(6) 路由配置模式。在全局模式下使用 router rip 命令可以进入到动态路由协议 RIP 的配置模式。使用 router ospf process-id 命令可以进入到动态路由协议 OSPF 的配置模式，"process-id"代表 OSPF 协议的进程号。"process-id"是一个介于 1 到 65535 之间的数字，由网络管理员选定。"process-id"仅在本地有效，这意味着路由器之间建立邻居关系时无须匹配该值。

操作示例：从用户模式分别进入到 RIP 配置模式和 OSPF 配置模式的操作命令为：

① Router＞ enable
② Router# configure terminal
③ Router(config)# router rip   //进入到 RIP 配置模式
④ Router(config-router)# exit   //从路由配置模式退回到全局配置模式
⑤ Router(config)# router ospf 100   //进入到 OSPF 配置模式
⑥ Router(config-router)# end

路由配置模式提示符为 Router(config-router)#。

注意：一般不会对同一个网络同时进行 RIP 配置和 OSPF 配置的操作，因此，RIP 配置模式和 OSPF 配置模式一般不会同时出现。

(7) 静态路由配置。在全局配置模式下，键入如下格式的命令，即可完成静态路由参数的设置。

Router(config)# ip route network-address subnet-mask nexthop-address

命令格式中的"network-address"表示目的网络，"subnet-mask"表示目的网络的子网掩码，"nexthop-address"表示下一跳路由器 IP 地址，这个地址也可以用下一跳路由器的端口表示。

操作示例：在路由器上配置静态路由，目的网络为 172.16.10.0，下一跳的地址为 192.168.10.20。

① Router＞ enable
② Router# configure terminal
③ Router(config)# ip route 172.16.10.0 255.255.255.0 192.168.10.20
④ Router(config)# exit

（8）默认路由配置。默认路由是静态路由的特殊形式，目的网络和子网掩码均为0.0.0.0，在全局配置模式下，键入如下格式的命令，即可完成默认路由参数的设置。

Router(config)# ip route 0.0.0.0 0.0.0.0 nexthop-address

操作示例：在路由器上配置默认路由，目的网络为172.16.10.0，下一跳的地址为192.168.10.20。

① Router＞ enable
② Router# configure terminal
③ Router(config)# ip route 0.0.0.0 0.0.0.0 192.168.10.20
④ Router(config)# exit

静态路由工作任务示例

6.3　工作任务示例

某外贸公司总部设在上海，并已经组建了内部局域网，随着公司规模和业务的扩大，公司在杭州设立了分公司。公司总部希望和分公司联网，使得总公司和分公司之间的计算机能够像同一个内网中的计算机一样相互访问。公司总部的路由器R1与分公司的路由器R2通过串口S3/0相互连接，R1端口F0/1连接三层交换机SW3的端口F0/1，SW3的端口F0/10连接公司总部内网计算机PC1，分公司路由器R2的端口F0/0连接分公司内网计算机PC2，通过在三层交换机SW3、公司总部路由器R1和分公司路由器R2上设置静态路由，实现公司总部计算机PC1和分公司计算机PC2能够相互通信。

公司局域网的网络拓扑与IP地址规划如图6.4和表6.1所示

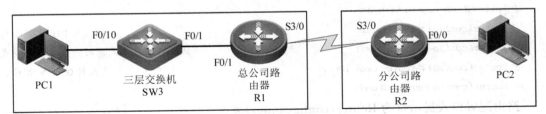

图6.4　静态路由配置拓扑

表6.1　IP地址规划

设备名称	IP地址	子网掩码	网关
R1 的 F0/1	172.16.10.1	255.255.255.0	
R1 的 S3/0	10.0.0.1	255.255.255.252	
R2 的 F0/0	192.168.20.254	255.255.255.0	
R2 的 S3/0	10.0.0.2	255.255.255.252	
SW3 的 F0/1	172.16.10.2	255.255.255.0	
SW3 的 F0/10	192.168.10.254	255.255.255.0	
PC1	192.168.10.10	255.255.255.0	192.168.10.254
PC2	192.168.20.20	255.255.255.0	192.168.20.254

项目六　静态路由的配置

🏁 任务目标

1. 在公司总部路由器 R1 上配置端口的 IP 地址和子网掩码；
2. 在分公司路由器 R2 上配置端口的 IP 地址和子网掩码；
3. 在公司总部的三层交换机 SW3 上配置端口的 IP 地址和子网掩码；
4. 分别为 R1、R2 和 SW3 配置静态路由，实现 PC1 和 PC2 之间的通信。

🏁 具体实施步骤

步骤 1　在公司总部路由器 R1 上配置端口的 IP 地址和子网掩码。

```
Router> enable
Router# configure terminal
Route(config)# hostname R1                                         //将路由器命名为 R1
R1(config)# interface fastEthernet 0/1                             //进入到端口 F0/1
R1(config-if-FastEthernet 0/1)# ip address 172.16.10.1 255.255.255.0
                                                                   //为端口 F0/1 设置 IP 地址和子网掩码
R1(config-if-FastEthernet 0/1)# no shutdown
                                                 //激活端口 F0/1,默认情况下路由器端口是关闭状态
R1(config-if-FastEthernet 0/1)# exit
R1(config)# interface serial 3/0                                   //进入到端口 S3/0
R1(config-if-Serial 3/0)# ip address 10.0.0.1 255.255.255.252
                                                                   //为端口 S3/0 设置 IP 地址和子网掩码
R1(config-if-Serial 3/0)# clock rate 64000                         //为 DCE 端设置时钟频率
R1(config-if-Serial 3/0)# no shutdown                              //激活端口 S3/0
R1(config-if-Serial 3/0)# exit
R1(config)# end
```

注意：路由器提供广域网接口（Serial 高速同步串口），使用 V.35 线缆连接广域网接口链路。在广域网连接时一端为 DCE（数据通信设备），一端为 DTE（数据终端设备）。对于 Serial 接口的配置，必须在 DCE 端配置时钟频率（clock rate）才能保证链路的连通，否则端口将无法激活。

```
R1# show ip interface brief                              //查看 R1 的 IP 地址配置信息
Interface              IP-Address(Pri)         OK?        Status
Serial 3/0             10.0.0.1/30             YES        DOWN
FastEthernet 0/0       no address              YES        DOWN
FastEthernet 0/1       172.16.10.1/24          YES        UP
```

注意：由于 R2 的端口 Serial 3/0 尚未配置和激活，所以 R1 的端口 Serial 3/0 尚处于关闭状态，一旦 R2 的 Serial 3/0 激活，则 R1 的端口 Serial 3/0 将自动激活。

步骤 2　在分公司路由器 R2 上配置端口的 IP 地址和子网掩码。

```
Router> enable
Router# configure terminal
```

77

```
Route(config)#hostname R2                                          //将路由器命名为 R2
R2(config)#interface fastEthernet 0/0
R2(config-if-FastEthernet 0/0)#ip address 192.168.20.254 255.255.255.0
R2(config-if-FastEthernet 0/0)#no shutdown
R2(config-if-FastEthernet 0/0)#exit
R2(config)#interface serial 3/0
R2(config-if-Serial 3/0)#ip address 10.0.0.2 255.255.255.252
R2(config-if-Serial 3/0)#no shutdown
R2(config-if-Serial 3/0)#exit
R2(config)#end
R2#show ip interface brief                                         //查看 R2 的 IP 地址配置信息
Interface              IP-Address(Pri)       OK?        Status
Serial 3/0             10.0.0.2/30           YES        UP
Serial 4/0             no address            YES        DOWN
FastEthernet 0/0       192.168.20.254/24     YES        UP
FastEthernet 0/1       no address            YES        DOWN
```

步骤 3 在三层交换机 SW3 上配置端口的 IP 地址和子网掩码。

```
Switch>en
Switch#config terminal
Switch(config)#hostname SW3                                        //将三层交换机命名为 SW3
SW3(config)#interface fastEthernet 0/1                             //进入到交换机的端口 F0/1 中
SW3(config-if-FastEthernet 0/1)#no switchport
                                   //将端口设置为路由端口,这样可以直接为端口设置 IP 地址
SW3(config-if-FastEthernet 0/1)#ip address 172.16.10.2 255.255.255.0   //端口 F0/1 设置 IP
SW3(config-if-FastEthernet 0/1)#no shutdown
SW3(config-if-FastEthernet 0/1)#exit
SW3(config)#interface fastEthernet 0/10
SW3(config-if-FastEthernet 0/10)#no switchport
SW3(config-if-FastEthernet 0/10)#ip address 192.168.10.254 255.255.255.0
SW3(config-if-FastEthernet 0/10)#no shutdown
SW3(config-if-FastEthernet 0/10)#exit
SW3(config)#end
SW3#show ip interface brief                                        //查看 SW3 中 IP 地址配置信息
Interface              IP-Address(Pri)       OK?        Status
FastEthernet 0/1       172.16.10.2/24        YES        UP
FastEthernet 0/10      192.168.10.254/24     YES        UP
```

步骤 4 为路由器 R1 配置静态路由。

```
R1#config t
R1(config)#ip route 192.168.10.0 255.255.255.0 172.16.10.2
R1(config)#ip route 192.168.20.0 255.255.255.0 10.0.0.2
```

或者使用默认路由:

```
R1(config)# ip route0.0.0.0 0.0.0.0 172.16.10.2
R1(config)# ip route0.0.0.0 0.0.0.0 10.0.0.2
R1(config)# end
R1# show ip route                                                          //查看 R1 的路由表信息
Codes: C-connected, S-static, R-RIP, B-BGP
O-OSPF, IA-OSPF inter area
N1-OSPF NSSA external type 1, N2-OSPF NSSA external type 2
E1-OSPF external type 1, E2-OSPF external type 2
i-IS-IS, su-IS-IS summary, L1-IS-IS level-1, L2-IS-IS level-2
ia-IS-IS inter area, *-candidate default
Gateway of last resort is no set
C  10.0.0.0/30 is directly connected, Serial 3/0
C  10.0.0.1/32 is local host.
C  172.16.10.0/24 is directly connected, FastEthernet 0/1
C  172.16.10.1/32 is local host.
S  192.168.10.0/24 [1/0] via 172.16.10.2
S  192.168.20.0/24 [1/0] via 10.0.0.2
```

通过查看 R1 的路由表，里面有两条静态路由。

步骤 5 为路由器 R2 配置静态路由。

```
R2# config t
R2(config)# ip route 172.16.10.0 255.255.255.0 10.0.0.1
R2(config)# ip route 192.168.10.0 255.255.255.0 10.0.0.1
```

注意：由于 R2 到达 172.16.10.0/24 和 192.168.10.0/24 网络下一跳地址都是 10.0.0.1，所以可以使用一条默认路由来代替。

```
R2(config)# ip route0.0.0.0 0.0.0.0 10.0.0.1
R2(config)# end
R2# show ip route                                                          //查看 R2 的路由表信息
Codes: C-connected, S-static, R-RIP, B-BGP
       O-OSPF, IA-OSPF inter area
       N1-OSPF NSSA external type 1, N2-OSPF NSSA external type 2
       E1-OSPF external type 1, E2-OSPF external type 2
       i-IS-IS, su-IS-IS summary, L1-IS-IS level-1, L2-IS-IS level-2
       ia-IS-IS inter area, *-candidate default
Gateway of last resort is no set
C    10.0.0.0/30 is directly connected, Serial 3/0
C    10.0.0.2/32 is local host.
S    172.16.10.0/24 [1/0] via 10.0.0.1
S    192.168.10.0/24 [1/0] via 10.0.0.1
C    192.168.20.0/24 is directly connected, FastEthernet 0/0
C    192.168.20.254/32 is local host.
```

步骤 6 为三层交换机 SW3 配置静态路由。

SW3#config t
SW3(config)#ip route 10.0.0.0 255.255.255.252 172.16.10.1
SW3(config)#ip route 192.168.20.0 255.255.255.0 172.16.10.1

注意：由于 SW3 到达 10.0.0.0/30 和 192.168.20.0/24 网络下一跳地址都是 172.16.10.1，所以可以使用一条默认路由来代替。

SW3(config)#ip route 0.0.0.0 0.0.0.0 172.16.10.1
SW3(config)#end
SW3#show ip route   //查看 SW3 的路由表信息
Codes：C-connected, S-static, R-RIP, B-BGP
       O-OSPF, IA-OSPF inter area
       N1-OSPF NSSA external type 1, N2-OSPF NSSA external type 2
       E1-OSPF external type 1, E2-OSPF external type 2
       i-IS-IS, su-IS-IS summary, L1-IS-IS level-1, L2-IS-IS level-2
       ia-IS-IS inter area, *-candidate default
Gateway of last resort is no set
S   10.0.0.0/30 [1/0] via 172.16.10.1
C   172.16.10.0/24 is directly connected, FastEthernet 0/1
C   172.16.10.2/32 is local host.
C   192.168.10.0/24 is directly connected, FastEthernet 0/10
C   192.168.10.254/32 is local host.
S   192.168.20.0/24 [1/0] via 172.16.10.1

步骤 7　公司总部 PC1 与分公司 PC2 通信测试。

测试如图 6.5 所示。

图 6.5　公司总部 PC1 与分公司 PC2 之间的测试

注意事项

1. 如果两台路由器通过串口直接互联，则必须在其中一端（DCE 端）设置时钟频率。
2. 静态路由必须双向都配置才能互通，配置时注意回程路由。

3. 默认路由一般配置在末节网络,也就是边缘路由器上。

6.4 项目小结

配置静态路由是使用广泛且稳定、简单的一种路由配置方法,不存在动态路由协议的路由收敛过程。缺点是在大型网络中,配置工作量很大,特别是网络拓扑改变时需要作大量配置修改,所以它一般作为动态路由协议的补充。一般静态路由的优先级比动态路由的优先级高。

默认路由是一种特殊的静态路由,用来指明一些下一跳没有明确列于路由表中的数据包应如何转发。对于在路由表中找不到明确路由条目的所有数据包,都将按照默认路由指定的接口和下一跳地址进行转发。其优点是能够极大地减少路由表条目,缺点是不正确配置可能导致路由环路,或可能导致非最佳路由。

6.5 理解与实训

选择题

1. 全局配置模式在特权模式下,使用(　　)命令进入的下一级模式。

　A. configure terminal

　B. enable configure

　C. termial configure

　D. enable

2. 下列说法错误的是(　　)?

　A. 路由表项中的第一位 C(Connected)代表直连路由

　B. S(Static)代表静态路由

　C. S*(Static candidate default)代表静态路由

　D. R(RIP)代表 RIP 路由

3. 关于命令 route(config)#ip route 172.16.3.0 255.255.255.0 192.168.2.4,下列说法错误的是(　　)?

　A. 192.168.2.4 是下一跳地址

　B. 这个网段的子网是 255.255.0.0

　C. 172.16.3.0 就是我们想要发送数据的远程网段

　D. 命令"ip route"告诉我们这是一条静态路由

4. 什么命令是用来阻止 RIP routing 更新退出界面但仍允许接口接受 RIP 路由更新?
(　　)

　A. Route(config-if)#no routing

　B. Route(config-if)#passive-interface

　C. Route(config-route)#passive-interface s0

　D. Route(config-route)#no routing updates

5. 关于命令 Router(config)#ip route network-address mask nexthop-address，下列说法错误的是（　　）？
   A. 此命令是在用户模式在进行的
   B. "network-address"表示目的网络
   C. "mask"表示目的网络的子网掩码
   D. "nexthop-address"表示下一跳路由器 IP 地址

填空题

1. 路由器最根本的任务就是实现路径选择和_____。
2. 路由表的生成方式分为直连路由和_____。
3. 我们可以在路由器上通过_____命令来查看端口 IP 以及端口的状态。
4. 全局配置模式下使用 interface type mode/port 命令进入_____配置模式。
5. DCE 端配置的时钟频率使用_____命令。

问答题

1. 简述路由器的主要功能？
2. 简述路由器的工作原理？
3. 简述静态路由与默认路由的区别与联系？

实训任务

某集团公司总部设在北京，并已经组建了内部局域网，其拓扑结构如图 6.6 所示。随着公司规模和业务的扩大，公司在南京设立了分公司。公司总部希望和分公司联网，使得总公司和分公司之间的计算机能够像同一个内网中的计算机一样相互访问。公司总部的路由器 R1 与分公司的路由器 R2 通过串口 S3/0 相互连接，R1 端口 F0/1 连接三层交换机 SW3 的端口 F0/24，公司总部内网计算机 PC1 属于 VLAN 10，连接在 SW3 的端口 F0/1 上，公司总部内网计算机 PC2 属于 VLAN 20，连接在 SW3 的端口 F0/2 上。分公司路由器 R2 的端口 F0/1 连接分公司内网计算机 PC3。请在公司总部路由器 R1 设置静态路由，在三层交换机 SW3 和分公司路由器 R2 上设置默认路由，实现公司总部计算机 PC1、PC2 和分公司计算机 PC3 能相互通信。公司总部与分公司网络的 IP 地址规划如表 6.2 所示。

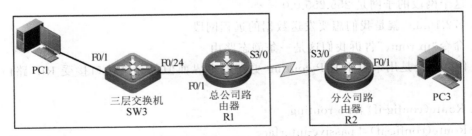

图 6.6　静态路由与默认路由

表 6.2　IP 地址规划

设备名称	IP 地址	子网掩码	网关
R1 的 F0/1	172.16.0.1	255.255.255.0	
R1 的 S3/0	10.10.10.1	255.255.255.252	
R2 的 F0/0	192.168.30.254	255.255.255.0	
R2 的 S3/0	10.10.10.2	255.255.255.252	
SW3 的 F0/24	172.16.0.2	255.255.255.0	
SW3 的 SVI VLAN 10	192.168.10.254	255.255.255.0	
SW3 的 SVI VLAN 20	192.168.20.254	255.255.255.0	
PC1	192.168.10.10	255.255.255.0	192.168.10.254
PC2	192.168.20.20	255.255.255.0	192.168.20.254
PC3	192.168.30.30	255.255.255.0	192.168.30.254

项目七

动态路由的配置

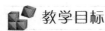
教学目标

1. 了解动态路由的概念；
2. 了解静态路由与动态路由的区别；
3. 了解动态路由协议的分类；
4. 理解 RIP 路由协议的工作原理；
5. 掌握 RIP 路由协议的配置命令；
6. 了解 OSPF 路由协议的概念；
7. 理解 OSPF 路由协议的工作原理；
8. 掌握 OSPF 路由协议的配置命令。

7.1 项目内容

某集团公司总部设在北京，并已经组建了内部局域网。随着公司规模和业务的扩大，公司在天津设立了分公司。总公司希望和分公司联网，使得总公司和分公司之间的计算机能够像在同一内网中的计算机那样相互访问。为此，在总公司与分公司网络的边缘分别部署了路由器，并对两个路由器分别进行适当的设置以实现总公司与分公司网络之间能相互通信。本项目的具体任务是在两台路由器和一台三层交换机上进行动态路由配置，来满足总公司与分公司网络间相互访问的需求。

7.2 相关知识

为了便于掌握动态路由的配置方法和步骤，需要先了解动态路由的概念以及动态路由与静态路由间的区别、动态路由协议的分类、RIP 路由协议的概念、RIP 路由协议的工作过程、RIPv1 与 RIPv2 的区别、RIP 路由协议的配置命令、OSPF 路由协议的概念、OSPF 路由协议的工作过程、OSPF 与 RIP 的区别、OSPF 路由协议的配置命令等知识。

7.2.1 动态路由的概念

动态路由是指在路由器上运行的动态路由算法程序定期和其他路由器交换路由信息,从而学习到其他路由器上的路由信息,最终自动建立起来的路由表项。动态路由是通过某种路由协议来实现的,路由协议定义了路由器与其他路由器通信时的规则。动态路由协议的作用是维护路由信息,选择出最佳路径,最终生成路由表项。

动态路由概念与分类

7.2.2 动态路由与静态路由的区别

据前所学而知,静态路由是指网络管理员在路由器中手工设置的路由信息,一旦设置后就不会自动改变。因此,当网络的拓扑结构或链路的状态发生变化时,就需要网络管理员手工修改路由表中相关的静态路由信息。静态路由信息在缺省情况下是私有的,不会传递给其他路由器。静态路由一般适用于比较简单的网络环境,在这样的环境中,网络管理员易于清楚地了解网络的拓扑结构,便于设置正确的路由信息。静态路由的优点是网络寻址速度快,适用于网络规模小、变动不大的网络系统。缺点是管理困难,对于存在许多选择路由的大中型网络来说是不适用的。

动态路由是指路由器能够自动地建立自己的路由表,并且能够根据网络实际结构的变化适时地进行调整。动态路由的正常运作依赖路由器的两个基本功能:对路由表的维护和路由器之间适时的路由信息交换。动态路由不是由网络管理人员手动设定,是由路由器通过自动学习并且自动生成路由表的。动态路由的好处是对网络变化的适应性强,无须人工维护,适用于网络环境变化大的网络系统,缺点是路由器的开销比较大。

静态路由和动态路由都有各自的特点和适用范围,在网络中静态路由和动态路由的作用互相补充。在所有路由中,除了直连路由外,静态路由的优先级最高。当一个数据包在路由器中进行路径选择时,路由器首先查找静态路由,如果查到则根据相应的静态路由转发分组,否则再查找动态路由。当静态路由与动态路由冲突时,以静态路由为准。

7.2.3 动态路由协议的分类

根据路由选择算法的不同,动态路由协议可分为内部网关协议(Interior Gateway Protocol,IGP)和外部网关协议(External Gateway Protocol,EGP)两类。在共同管理域下的一组运行相同路由选择协议的路由器的集合为一个自治系统(Autonomous System,AS)。内部网关协议是在一个自治系统内部使用的路由选择协议,内部网关协议包括RIP、OSPF、IS-IS等。本项目重点学习RIP与OSPF路由协议。外部网关协议是用于在多个自治系统之间互连运行的路由协议,如BGP协议。

动态路由协议还可以分为有类路由(Classful)协议与无类路由(Classless)协议。有类路由协议最典型的协议是RIPv1,有类路由协议在进行路由信息传递时,不包含路由的子网掩码信息,路由器按照IP地址默认的A、B、C类进行汇总处理。当与外部网络交换路由信息时,接收方路由器将不会知道子网的细节,功能受到了限制,因此面临淘汰。而无类路由协议在进行路由信息传递时,包含了子网掩码信息,并支持VLSM(变长子网掩码)。因此,路由器收到一个路由数据包时,也可以知道这个网段的子网掩码长度。RIPv2、OSPF、

IS-IS、BGP 等路由协议都属于无类路由协议。

7.2.4　RIP 路由协议的基本概念

RIP(Routing Information Protocol,路由信息协议)是应用较早、使用较普遍的内部网关协议,是典型的距离矢量路由协议,管理距离为 120。

RIP 利用"跳数"作为尺度来衡量路由距离,"跳数"是一个数据包从本地网络到达目标网络所经过的路由器(包括其他三层及以上的互联设备)的数目。路由器到它直接相连网络的"跳数"被定义为 0,当只需要通过一个路由器就可到达的网络,则路由器到该网络的距离为 1 跳,当需要通过 n 个路由器才可到达时,则路由器到该网络的距离为 n 跳。RIP 最多支持的"跳数"为 15,即在源网络与目的网络间所要经过的最多路由设备的数目为 15,"跳数" 16 表示网络不可达。

RIP 协议要解决的三个问题是:和谁交换路由信息,交换什么路由信息,多长时间进行路由信息的交换。

1. 和谁交换路由信息

仅和相邻路由器交换信息,RIP 通过广播 UDP(端口号为 520)报文来交换路由信息。

2. 交换什么路由信息

交换的信息是当前本路由器路由表的全部信息,包括直连路由表和非直连路由表。

3. 多长时间进行路由信息的交换

路由器按固定的时间间隔交换路由信息。在默认情况下,每 30 秒发送一次路由信息更新,即将路由表广播给相邻路由器。

注意:如果间隔 180 秒,路由器还没有接收到相邻路由器的交换路由信息,则会把该相邻路由器设置为不可达,将"跳数"设置为 16。

7.2.5　RIP 路由协议的工作原理

在运行 RIP 协议的网络中,所有启用了 RIP 路由协议的路由器将周期性地发送本路由器的全部路由信息给其相邻的路由器,我们称之为周期性更新路由信息。更新的时间由更新计时器(Update Timer)所控制,更新周期为 30 秒。

RIP 路由协议工作原理

1. 路由表的初始状态

下面通过一个示例来说明。现有 RouterA、RouterB、RouterC 3 个路由器连接 4 个每个网段,假如这 3 个路由器是同时启动的,这时路由器的初始路由表只有自己的直连路由。

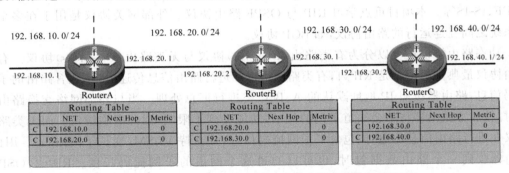

图 7.1　启用了 RIP 路由协议的路由器中路由表的初始状态

2. 一次路由信息交换后的路由表状态

当路由器的更新计时器计数到达 30 秒时，三台路由器都向外发送自己的路由表。假如 3 个路由器都同时收到了来自相邻路由器的路由更新信息，此时各路由器的路由表将发生变化，如图 7.2 所示。

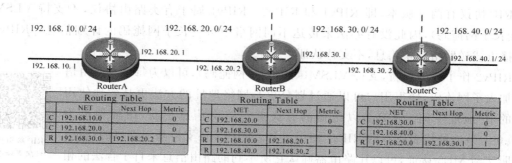

图 7.2 一次交换路由信息后各路由器中的路由表状态

此时 RouterA 仅获得了 RouterB 的初始路由表，学习到了 192.168.20.0 和 192.168.30.0 的网络，由于自己的路由表中已存在 192.168.20.0 网络，而且管理距离为 0，因此放弃了对 192.168.20.0 的路由更新。由于初始路由表中不存在 192.168.30.0 网络号，因此，将 192.168.30.0 记录到路由表中，Next Hop 记录为该路由信息发送端口的 IP 地址，管理距离在原基础上加 1。同理，RouterB 和 RouterC 的路由表也得到了更新。

3. 二次路由信息交换后的路由表状态

当路由器更新计时器计数又到达 30 秒时，三台路由器再次向外发送自己的路由表。RouterA 和 RouterC 也学习到了来自 RouterB 发送的路由信息，如图 7.3 所示。此时所有路由器中的路由表都达到了一致状态，所有网络已畅通，我们称该网络已收敛。

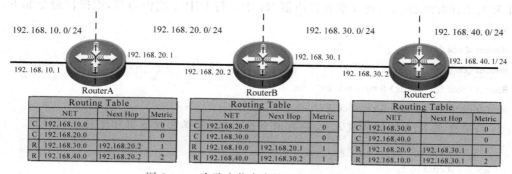

图 7.3 二次路由信息交换后的路由表状态

路由信息更新遍及整个网络，引发重新计算最佳路径，最终达到所有路由器一致公认的最佳路径。这个过程即称为收敛。从网络结构发生变化开始直到所有路由器识别到变化并针对该变化做出响应为止的这段时间称为收敛时间。收敛慢的路由算法会造成路径循环或网络中断。收敛过程既具有协作性，又具有独立性。各个路由器之间既需要共享路由信息，但也必须独立计算拓扑结构的变化对各自路由过程所产生的影响。由于各路由器独立更新网络信息与拓扑结构保持一致，所以说路由器通过收敛来达成一致。收敛速度与路由信息的传播速度、最佳路径的计算方法有关，因此我们可以根据收敛速度来评估路由协议。收敛速度越快,路由协议的性能就越好。通常 RIP 路由协议收敛较慢,而 OSPF 路由协议收敛较快。

7.2.6 RIPv1 与 RIPv2 的区别

RIP 协议有两个版本,即 RIPv1 和 RIPv2。RIPv1 属于有类路由协议,不支持 VLSM(可变长子网掩码),因此没有办法来传达不同网络中可变长子网掩码的详细信息。RIPv1 以广播方式送路由交换信息,不支持认证。

RIPv2 作了许多更新,支持 VLSM(可变长子网掩码),可以为每一条路由信息中加入子网掩码,使得用户可以通过划分更小网络地址的方法更高效地使用有限的 IP 地址空间。RIPv2 以组播的方式进行路由信息更新,组播地址为 224.0.0.9,该地址代表所有的 RIPv2 路由设备。RIPv2 还支持基于端口的认证,支持明文与 MD5 认证,可以让路由器确认它所学到的路由信息来自于合法的相邻路由器。

RIP 路由协议配置命令

7.2.7 RIP 路由协议配置命令

1. 启动 RIP 路由协议进程,宣告本路由器参与 RIP 协议的直连网段。

① Router>enable
② Router#config t
③ Router(config)#router rip   //启动 RIP 路由协议进程
④ Router(config-router)#network network-number
　　　　　　　　　　　　　　　　　　　　//network-number 是与本路由器直接相连的网段号

操作示例:假设路由器 R1 端口 S0/0 的 IP 地址为 192.168.10.10/24,端口 S0/1 的 IP 地址为 192.168.20.20/24,现要求在路由器 R1 中运行 RIPv1 路由协议,则操作命令如下。

Router>enable
Router#config t
Router(config)#router rip
Router(config-router)#network 192.168.10.0
Router(config-router)#network 192.168.20.0

2. 指定使用 RIP 协议的版本 2,并关闭自动汇总,这样可以使用可变长子网掩码。

① Router>enable
② Router#config t
③ Router(config)#router rip   //开启 RIP 路由协议
④ Router(config-router)#version 2   //选择 RIPv2 版本,默认情况下使用 RIPv1 版本
⑤ Router(config-router)#no auto-summary   //关闭自动汇总,默认是开启自动汇总

操作示例:假设路由器 R1 端口 S0/0 的 IP 地址为 192.168.10.10/24,端口 S0/1 的 IP 地址为 192.168.20.20/24,现要求在路由器 R1 运行 RIPv2 路由协议,并关闭自动汇总,则操作命令如下。

Router>enable
Router#config t

```
Router(config)#int S0/0
Router(config-if)#ip address 192.168.10.10 255.255.255.0      //为端口 S0/0 设置 IP 地址
Router(config-if)#no shut                                      //开启端口
Router(config-if)#exit
Router(config)#int S0/1
Router(config-if)#ip address 192.168.20.20 255.255.255.0      //为端口 S0/1 设置 IP 地址
Router(config-if)#no shut                                      //开启端口
Router(config-if)#exit
Router(config)#router rip
Router(config-router)#network 192.168.10.0
Router(config-router)#network 192.168.20.0
Router(config-router)#version 2                                //选择 RIPv2 版本
Router(config-router)#no auto-summary                          //关闭自动汇总功能
Router(config-router)#end
Router#
```

3. 验证 RIP 路由协议的配置。

```
Router#show ip protocols
```

4. 显示路由表的信息。

```
Router#show ip route
```

5. 清除 IP 路由表的信息。

```
Router#clear ip route
```

6. 在控制台显示 RIP 的工作状态和路由更新即时信息。

```
Router#debug ip rip
```

7.2.8　OSPF 路由协议的基本概念

OSPF 路由协议概念与工作原理

OSPF(Open Shortest Path First,开放式最短路径优先)路由协议是一种内部网关协议,用于在单一自治系统(Autonomous System,AS)内计算路由。OSPF 路由协议是一种典型的链路状态的路由协议。与 RIP 相比,OSPF 路由协议管理距离是 110,比 RIP 略低,因此 OSPF 路由协议的优先级高于 RIP 路由协议。

OSPF 支持区域的划分,将网络进行合理规划。划分区域时必须存在 Area 0(骨干区域),其他区域和骨干区域直接相连,或通过虚链路的方式连接。OSPF 路由协议引入"分层路由"的概念,将网络分割成一个"主干"连接的一组相互独立的部分,这些相互独立的部分被称为"区域"(area),"主干"的部分称为"主干区域"。

每个区域就如同一个独立的网络,该区域的 OSPF 路由器只保存该区域的链路状态。每个路由器的链路状态数据库都可以保持合理的大小,使路由计算的时间、报文数量也都不会过大。如图 7.4 所示,Area 0 为骨干区域,Area 1 和 Area 2 与骨干区域相连。本项目主要学习单区域的 OSPF 配置。

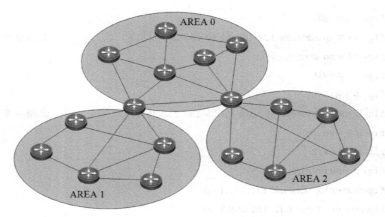

图 7.4　OSPF 区域划分

7.2.9　OSPF 路由协议的工作原理

1. 了解直连网络

每台 OSPF 路由器了解其自身的链路（即与其直连的网络），这是通过检测哪些接口处于工作状态来完成。对于 OSPF 路由协议来说，直连链路就是路由器上的一个接口。

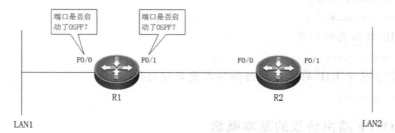

图 7.5　检测直连接口开启 OSPF 的工作状态

2. OSPF 路由器向"邻居"发送 HELLO 数据包，建立邻接关系

每台 OSPF 路由器负责"问候"直连网络中的相邻路由器，OSPF 路由器通过直连网络中的其他 OSPF 路由器互换 HELLO 数据包来达到此目的。这些 HELLO 数据包采用组播方式传递，目标地址使用的是 224.0.0.5。路由器使用 HELLO 协议来发现其链路上的所有"邻居"，形成一种邻接关系，这里的"邻居"是指启用了相同路由协议的其他任何路由器。这些简短 HELLO 数据包持续在两个邻接的邻居之间互换，以此实现"保持激活"功能来监控邻居的状态。如果路由器不再收到某邻居的 HELLO 数据包，则认为该邻居已无法到达，其邻接关系将破裂。

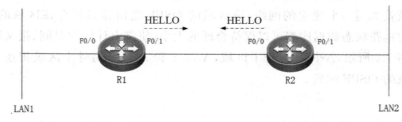

图 7.6　OSPF 路由器相互发送 HELLO 数据包

3. 邻接路由器相互发送 LSA，形成相同的链路状态数据库(LSDB)

建立邻接关系的 OSPF 路由器之间通过 LSA（Link State Advertisement，链路状态公告）来交互链路状态信息。通过获得对方的 LSA，同步 OSPF 区域内的链路状态信息后，各路由器将形成相同的 LSDB（Link State Database，链路状态数据库）。

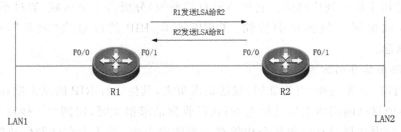

图 7.7　OSPF 路由器形成相同的 LSDB

4. 每台路由器通过 Dijkstra 算法计算出路由表

SPF 算法基于迪杰斯特拉(Dijkstra)算法，Dijkstra 算法是典型最短路径算法，用于计算一个节点到其他所有节点的最短路径。主要特点是以起始点为中心向外层扩展，直到扩展到终点为止。

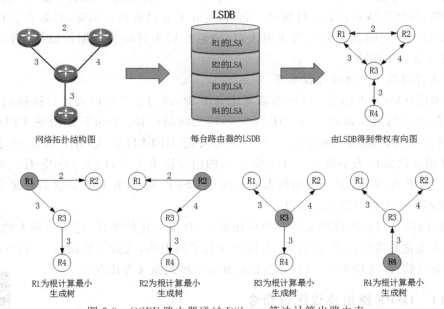

图 7.8　OSPF 路由器通过 Dijkstra 算法计算出路由表

7.2.10　OSPF 与 RIP 路由协议的区别

RIP 协议是典型的距离矢量路由协议，它选择路由的度量标准是跳数。而 OSPF 协议是典型的链路状态路由协议，它选择路由的度量标准是跳数、带宽、网络延迟等参数的综合值，考虑的因素更全面，所以 OSPF 与 RIP 存在着较大的差别。

OSPF 与 RIP 路由协议的区别

1. 路由协议适用场合不一样

RIP 的拓扑简单，适用于中小型网络。没有系统内外、系统分区、边界等概念，用的不是分类的路由。每一个节点只能处理以自己为头的至多 15 个节点的链路，路由是依靠下一跳的个数来描述的，无法体现带宽与网络延迟。

OSPF 适用于较大规模网络。它把 AS(自治系统)分成若干个区域，通过系统内外路由的不同处理，减少网络数据量的传输。OSPF 对应 RIP 的度量值"跳数"，引出了"权"(metric)的概念。

2. 交换路由信息的方式有差别

RIP 运行时，首先向外(直连邻居)发送请求报文，其他运行 RIP 的路由器在收到请求报文后，马上会把自己的路由表发送给对方；在没收到请求报文时，定期(30 秒)广播自己的路由表，在 180 秒内如果没有收到某个相邻路由器的路由表，就认为它已发生故障，标识为作废；如果 120 秒后还没收到，则将删除此直连链路，并广播自己新的路由表。

OSPF 运行时，用 HELLO 报文建立连接，然后迅速建立邻接关系，只在建立了邻接关系的路由器间发送路由信息。以后是靠定期发送 HELLO 报文去维持连接，相对 RIP 的路由表报文来说，HELLO 报文小得多，网络拥塞也就减少了。HELLO 报文在广播网上默认 10 秒发送一次，如果在一定时间(4 倍于 HELLO 间隔)没有收到 HELLO 报文，则会认为该链路已中断，就会从路由表中临时删除。此时，实际上并没有真正删除，只是在链路状态数据库(LSDB)中将它的状态值置为无穷大，以备它在启用时减少数据传输量，当延时达到 3600 秒时才会真正删除它。

3. 路由协议的工作性能存在不同

一般来说，OSPF 占用的实际链路带宽比 RIP 少，因为它的路由表是有选择的广播(只在建立邻接关系的路由器间)，而 RIP 是"邻居"之间的广播。OSPF 使用的 CPU 时间比 RIP 少，因为 OSPF 达到平衡后的主要工作是发送 HELLO 报文，RIP 发送的是路由表(HELLO 报文比路由表小得多)。OSPF 使用的内存比 RIP 大，因为 OSPF 有一个相对大的路由表。RIP 在网络上达到收敛所需的时间比 OSPF 多，因为 RIP 协议需要更多的时间来发送、处理一些无价值的路由信息。

OSPF 协议是目前内部网关协议中应用最广、性能最优的协议，它可适应大规模网络，且具有路由变化收敛快，无路由自环，支持可变长子网掩码，支持等值路由，支持区域划分，提供路由分级管理，支持验证，支持以组播地址发送协议报文等优点。

7.2.11 OSPF 路由协议配置命令

1. 启动 OSPF 路由协议进程，宣告本路由器参与 OSPF 协议的直连网段

① Router>enable
② Router#config t
③ Router(config)#router ospf process-id

//启动 OSPF 路由协议程序，参数 Process-id 是本路由器运行 OSPF 的进程号，与网络中的其他路由器没有任何关系

④ Router(config-router)# network network-address wildcard-mask area area-id

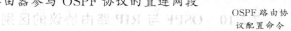

OSPF 路由协议配置命令

//本命令设置本路由器的直连网络。参数"network-address"指的是路由器端口所处网络的子网地址;参数"wildcard-mask"称为通配符掩码,数值与子网掩码相反。例如:若子网掩码为255.255.255.252,则通配符掩码为0.0.0.3;参数"area-id"是指区域ID号,在单区域OSPF中,所有的区域ID都应该一致,骨干区域的ID为"0"

操作示例：假设路由器 R1 端口 S0/0 的 IP 地址为 192.168.10.10/24,端口 S0/1 的 IP 地址为 192.168.20.20/24,现要求在路由器 R1 运行 OSPF 路由协议,则操作命令序列如下。

```
Router>enable
Router#config t
Router(config)#int S0/0
Router(config-if)#ip address 192.168.10.10 255.255.255.0    //为端口 F0/0 设置 IP 地址
Router(config-if)#no shut                                    //开启端口
Router(config-if)#exit
Router(config)#int S0/1
Router(config-if)#ip address 192.168.20.20 255.255.255.0    //为端口 F0/1 设置 IP 地址
Router(config-if)#no shut                                    //开启端口
Router(config-if)#exit
Router(config)#routerospf 100
Router(config-router)#network192.168.10.0 0.0.0.255 area 0
Router(config-router)#network192.168.20.0 0.0.0.255 area 0
Router(config-router)#end
```

2. 查看 OSPF 配置信息

① Router#show ip ospf   //验证 OSPF 的配置
② Router#show ip route   //显示路由表的信息
③ Router#clear ip route   //清除 IP 路由表的信息
④ Router#debug ip ospf   //在控制台显示 OSPF 的工作状态

7.3 工作任务示例

7.3.1 示例 1：在路由器中配置动态路由 RIPv2

RIP 路由协议
工作任务示例

假设某集团公司总部设在北京,并已经组建了内部局域网。随着公司规模和业务的扩大,公司在天津设立了分公司。总公司希望和分公司联网,使得总公司和分公司之间的计算机能够像同一个内网中的计算机一样相互访问。总公司的路由器 R1 与分公司的路由器 R2 通过串口 S3/0 相互连接,R1 端口 F0/1 连接三层交换机 SW3 的端口 F0/1,SW3 的端口 F0/5 连接总公司内网计算机 PC1,分公司路由器 R2 的端口 F0/1 连接分公司内网计算机 PC2。通过在三层交换机 SW3、总公司路由器 R1 和分公司路由器 R2 上设置 RIPv2 路由协议,实现总公司计算机 PC1 和分公司计算机 PC2 能够相互通信。

公司局域网以及两个公司网络互连的拓扑与相应的 IP 地址规划如图 7.9 和表 7.1 所示

图 7.9 公司局域网的网络及互连网络拓扑

表 7.1 IP 地址规划表

设备名称	IP 地址	子网掩码	网关
R1 的 F0/1	192.168.1.1	255.255.255.0	
R1 的 S3/0	192.168.2.1	255.255.255.0	
R2 的 F0/1	192.168.3.1	255.255.255.0	
R2 的 S3/0	192.168.2.2	255.255.255.0	
SW3 的 F0/1	192.168.1.2	255.255.255.0	
SW3 的 F0/5	192.168.5.1	255.255.255.0	
PC1	192.168.5.11	255.255.255.0	192.168.5.1
PC2	192.168.3.22	255.255.255.0	192.168.3.1

任务目标

1. 在总公司路由器 R1 上配置端口的 IP 地址和子网掩码；
2. 在分公司路由器 R2 上配置端口的 IP 地址和子网掩码；
3. 在总公司的三层交换机 SW3 上配置端口的 IP 地址和子网掩码；
4. 分别在 R1、R2 和 SW3 设备上配置 RIPv2 路由协议，实现 PC1 和 PC2 之间的通信。

具体实施步骤

步骤 1　在总公司路由器 R1 上配置端口的 IP 地址和子网掩码。

```
Router>enable
Router#config t
Router(config)#hostname R1
R1(config)#interface fastEthernet 0/1
R1(config-if-FastEthernet 0/1)#ip address 192.168.1.1 255.255.255.0
R1(config-if-FastEthernet 0/1)#no shutdown
R1(config-if-FastEthernet 0/1)#exit
R1(config)#interface serial 3/0
R1(config-if-Serial 3/0)#ip address 192.168.2.1 255.255.255.0
R1(config-if-Serial 3/0)#clock rate 64000                    //为 DCE 端设置时钟频率
```

```
R1(config-if-Serial 3/0)# no shutdown
R1(config-if-Serial 3/0)# end                          //直接从端口配置模式退回到特权模式
R1# show ip interface brief                            //查看 R1 的 IP 地址配置
Interface                    IP-Address(Pri)      OK?       Status
Serial 3/0                   192.168.2.1/24       YES       DOWN
FastEthernet 0/0             no address           YES       DOWN
FastEthernet 0/1             192.168.1.1/24       YES       UP
```

步骤 2　在分公司路由器 **R2** 上配置端口的 **IP** 地址和子网掩码。

```
Router>enable
Router# config t
Router(config)# hostname R2
R2(config)# interface fastEthernet 0/1
R2(config-if-FastEthernet 0/1)# ip address 192.168.3.1 255.255.255.0
R2(config-if-FastEthernet 0/1)# no shutdown
R2(config-if-FastEthernet 0/1)# exit
R2(config)# interface serial 3/0
R2(config-if-Serial 3/0)# ip address 192.168.2.2 255.255.255.0
R2(config-if-Serial 3/0)# no shutdown
R2(config-if-Serial 3/0)# exit
R2(config)# end
R2# show ip interface brief                            //查看 R2 的 IP 地址配置
Interface                    IP-Address(Pri)      OK?       Status
Serial 3/0                   192.168.2.2/24       YES       UP
Serial 4/0                   no address           YES       DOWN
FastEthernet 0/0             no address           YES       DOWN
FastEthernet 0/1             192.168.3.1/24       YES       UP
```

步骤 3　在三层交换机 **SW3** 上配置端口的 **IP** 地址和子网掩码。

```
Switch>en
Switch# config terminal
Switch(config)# hostname SW3                           //将三层交换机命名为 SW3
SW3(config)# interface fastEthernet 0/1
SW3(config-if-FastEthernet 0/1)# no switchport        //将端口设为路由端口,否则无法设置 IP
SW3(config-if-FastEthernet 0/1)# ip address 192.168.1.2 255.255.255.0
SW3(config-if-FastEthernet 0/1)# no shutdown
SW3(config-if-FastEthernet 0/1)# exit
SW3(config)# interface fastEthernet 0/5
SW3(config-if-FastEthernet 0/5)# no switchport                              //端口设为路由端口
SW3(config-if-FastEthernet 0/5)# ip address 192.168.5.1 255.255.255.0
SW3(config-if-FastEthernet 0/5)# no shutdown
SW3(config-if-FastEthernet 0/5)# exit
SW3(config)# end
```

```
SW3#show ip interface brief                                      //查看SW3的IP地址配置
Interface                    IP-Address(Pri)       OK?      Status
FastEthernet 0/1             192.168.1.2/24        YES      UP
FastEthernet 0/5             192.168.5.1/24        YES      UP
```

步骤4 在路由器R1上配置RIPv2路由协议。

```
R1#config t
R1(config)#route rip                                             //进入到RIP配置模式下
R1(config-router)#network 192.168.1.0                            //将直连网段宣告出去
R1(config-router)#network 192.168.2.0
R1(config-router)#version 2                                      //将RIP版本设置为RIPv2
R1(config-router)#no auto-summary                                //关闭子网的自动汇总功能
R1(config-router)#end                                            //退回到特权模式下
```

步骤5 在路由器R2上配置RIPv2路由协议。

```
R2#config t
R2(config)#route rip                                             //进入到RIP配置模式下
R2(config-router)#network 192.168.2.0                            //将直连网段宣告出去
R2(config-router)#network 192.168.3.0
R2(config-router)#version 2                                      //将RIP版本设置为RIPv2
R2(config-router)#no auto-summary                                //关闭子网的自动汇总功能
R2(config-router)#end                                            //退回到特权模式下
```

步骤6 在三层交换机SW3上配置RIPv2路由协议。

```
SW3#config t
SW3(config)#route rip                                            //进入到RIP配置模式下
SW3(config-router)#network 192.168.1.0                           //将直连网段宣告出去
SW3(config-router)#network 192.168.5.0
SW3(config-router)#version 2                                     //将RIP版本设置为RIPv2
SW3(config-router)#no auto-summary                               //关闭子网的自动汇总功能
SW3(config-router)#end                                           //退回到特权模式下
```

步骤7 在R1、R2和SW3上查看路由表信息。

```
R1#show ip route                                                 //R1上查看路由表信息
Codes: C-connected, S-static, R-RIP, B-BGP
       O-OSPF, IA-OSPF inter area
       N1-OSPF NSSA external type 1, N2-OSPF NSSA external type 2
       E1-OSPF external type 1, E2-OSPF external type 2
       i-IS-IS, su-IS-IS summary, L1-IS-IS level-1, L2-IS-IS level-2
       ia-IS-IS inter area, *-candidate default
Gateway of last resort is no set
C      192.168.1.0/24 is directly connected, FastEthernet 0/1
C      192.168.1.1/32 is local host.
C      192.168.2.0/24 is directly connected, Serial 3/0
C      192.168.2.1/32 is local host.
```

```
R     192.168.3.0/24 [120/1] via 192.168.2.2, 00:01:12, Serial 3/0
R     192.168.5.0/24 [120/1] via 192.168.1.2, 00:02:27, FastEthernet 0/1
R2# show ip route                                                       //R2 上查看路由表信息
Codes: C-connected, S-static, R-RIP, B-BGP
       O-OSPF, IA-OSPF inter area
       N1-OSPF NSSA external type 1, N2-OSPF NSSA external type 2
       E1-OSPF external type 1, E2-OSPF external type 2
       i-IS-IS, su-IS-IS summary, L1-IS-IS level-1, L2-IS-IS level-2
       ia-IS-IS inter area, *-candidate default
Gateway of last resort is no set
R     192.168.1.0/24 [120/1] via 192.168.2.1, 00:01:41, Serial 3/0
C     192.168.2.0/24 is directly connected, Serial 3/0
C     192.168.2.2/32 is local host.
C     192.168.3.0/24 is directly connected, FastEthernet 0/1
C     192.168.3.1/32 is local host.
R     192.168.5.0/24 [120/2] via 192.168.2.1, 00:01:41, Serial 3/0
SW3# show ip route                                                      //SW3 上查看路由表信息
Codes: C-connected, S-static, R-RIP, B-BGP
       O-OSPF, IA-OSPF inter area
       N1-OSPF NSSA external type 1, N2-OSPF NSSA external type 2
       E1-OSPF external type 1, E2-OSPF external type 2
       i-IS-IS, su-IS-IS summary, L1-IS-IS level-1, L2-IS-IS level-2
       ia-IS-IS inter area, *-candidate default
Gateway of last resort is no set
C     192.168.1.0/24 is directly connected, FastEthernet 0/1
C     192.168.1.2/32 is local host.
R     192.168.2.0/24 [120/1] via 192.168.1.1, 00:00:10, FastEthernet 0/1
R     192.168.3.0/24 [120/2] via 192.168.1.1, 00:00:10, FastEthernet 0/1
C     192.168.5.0/24 is directly connected, FastEthernet 0/5
C     192.168.5.1/32 is local host.
```

步骤 8 测试总公司 PC1 与分公司 PC2 之间的通信状态。如图 7.10 所示。

图 7.10 总公司 PC1 与分公司 PC2 计算机之间通信测试

注意事项

1. 一定要选择连接在电缆 DCE 端的路由器的串口来配置时钟频率参数,否则会导致链路不通。
2. 如果要配置 RIPv2,需要在所有的三层设备上均配置 version 2 命令。
3. no auto-summary 的功能只在 RIPv2 协议中才能支持。

7.3.2 示例 2:在单区域路由器中配置动态路由 OSPF

OSPF 路由协议
工作任务示例

假设某集团公司总部设在北京,并已经组建了内部局域网。随着公司规模和业务的扩大,公司在天津设立了分公司。总公司希望和分公司联网,使得总公司和分公司之间的计算机能够像同一个内网中的计算机一样相互访问。总公司的路由器 R1 与分公司的路由器 R2 通过串口 S3/0 相互连接,R1 端口 F0/1 连接三层交换机 SW3 的端口 F0/1,SW3 的端口 F0/5 连接总公司内网计算机 PC1,分公司路由器 R2 的端口 F0/1 连接分公司内网计算机 PC2。通过在三层交换机 SW3、总公司路由器 R1 和分公司路由器 R2 上设置 OSPF 路由协议,实现总公司计算机 PC1 和分公司计算机 PC2 能够相互通信。

公司局域网以及两个公司网络互连的拓扑与相应的 IP 地址规划如图 7.11 和表 7.2 所示。

图 7.11 公司局域网的网络及互连网络拓扑

表 7.2 IP 地址规划表

设备名称	IP 地址	子网掩码	网关
R1 的 F0/1	192.168.1.1	255.255.255.0	
R1 的 S3/0	192.168.2.1	255.255.255.0	
R2 的 F0/1	192.168.3.1	255.255.255.0	
R2 的 S3/0	192.168.2.2	255.255.255.0	
SW3 的 F0/1	192.168.1.2	255.255.255.0	
SW3 的 F0/5	192.168.5.1	255.255.255.0	
PC1	192.168.5.11	255.255.255.0	192.168.5.1
PC2	192.168.3.22	255.255.255.0	192.168.3.1

项目七 动态路由的配置

📋 任务目标

1. 在总公司路由器 R1 上配置端口的 IP 地址和子网掩码；
2. 在分公司路由器 R2 上配置端口的 IP 地址和子网掩码；
3. 在总公司的三层交换机 SW3 上配置端口的 IP 地址和子网掩码；
4. 分别为 R1、R2 和 SW3 配置 OSPF 路由协议，实现 PC1 和 PC2 之间的通信。

🔧 具体实施步骤

步骤 1 在总公司路由器 R1 上配置端口的 IP 地址和子网掩码。

```
Router>enable
Router#config t
Router(config)#hostname R1
R1(config)#interface fastEthernet 0/1
R1(config-if-FastEthernet 0/1)#ip address 192.168.1.1 255.255.255.0
R1(config-if-FastEthernet 0/1)#no shutdown
R1(config-if-FastEthernet 0/1)#exit
R1(config)#interface serial 3/0
R1(config-if-Serial 3/0)#ip address 192.168.2.1 255.255.255.0
R1(config-if-Serial 3/0)#clock rate 64000             //为 DCE 端设置时钟频率
R1(config-if-Serial 3/0)#no shutdown
R1(config-if-Serial 3/0)#end                          //直接从端口配置模式退回到特权模式
R1#show ip interface brief                            //查看 R1 的 IP 地址配置
```

Interface	IP-Address(Pri)	OK?	Status
Serial 3/0	192.168.2.1/24	YES	DOWN
FastEthernet 0/0	no address	YES	DOWN
FastEthernet 0/1	192.168.1.1/24	YES	UP

步骤 2 在分公司路由器 R2 上配置端口的 IP 地址和子网掩码。

```
Router>enable
Router#config t
Router(config)#hostname R2
R2(config)#interface fastEthernet 0/1
R2(config-if-FastEthernet 0/1)#ip address 192.168.3.1 255.255.255.0
R2(config-if-FastEthernet 0/1)#no shutdown
R2(config-if-FastEthernet 0/1)#exit
R2(config)#interface serial 3/0
R2(config-if-Serial 3/0)#ip address 192.168.2.2 255.255.255.0
R2(config-if-Serial 3/0)#no shutdown
R2(config-if-Serial 3/0)#exit
R2(config)#end
R2#show ip interface brief                            //查看 R2 的 IP 地址配置
```

99

```
Interface                          IP-Address(Pri)      OK?         Status
Serial 3/0                         192.168.2.2/24       YES         UP
Serial 4/0                         no address           YES         DOWN
FastEthernet 0/0                   no address           YES         DOWN
FastEthernet 0/1                   192.168.3.1/24       YES         UP
```

步骤 3 在三层交换机 SW3 上配置端口的 IP 地址和子网掩码。

```
Switch>en
Switch#config terminal
Switch(config)#hostname SW3                                        //将三层交换机命名为 SW3
SW3(config)#interface fastEthernet 0/1
SW3(config-if-FastEthernet 0/1)# no switchport     //将端口设为路由端口,否则无法设置 IP
SW3(config-if-FastEthernet 0/1)# ip address 192.168.1.2 255.255.255.0
SW3(config-if-FastEthernet 0/1)# no shutdown
SW3(config-if-FastEthernet 0/1)# exit
SW3(config)# interface fastEthernet 0/5
SW3(config-if-FastEthernet 0/5)# no switchport                     //端口设为路由端口
SW3(config-if-FastEthernet 0/5)# ip address 192.168.5.1 255.255.255.0
SW3(config-if-FastEthernet 0/5)# no shutdown
SW3(config-if-FastEthernet 0/5)# exit
SW3(config)# end
SW3# show ip interface brief                                       //查看 SW3 的 IP 地址配置
Interface                          IP-Address(Pri)      OK?         Status
FastEthernet 0/1                   192.168.1.2/24       YES         UP
FastEthernet 0/5                   192.168.5.1/24       YES         UP
```

步骤 4 在路由器 R1 上配置 OSPF 路由协议。

```
R1#config t
R1(config)#route ospf 100                             //进入到 OSPF 配置模式下,本地进程号为 100
R1(config-router)# network 192.168.1.0 0.0.0.255 area 0
                                                      //将直连网段宣告出去,单区域为骨干区域 0
R1(config-router)# network 192.168.2.0 0.0.0.255 area 0
R1(config-router)# end                                //退回到特权模式下
```

步骤 5 在路由器 R2 上配置 OSPF 路由协议。

```
R2#config t
R2(config)# route ospf 100                            //进入到 OSPF 配置模式下,本地进程号为 100
R2(config-router)# network 192.168.2.0 0.0.0.255 area 0
                                                      //将直连网段宣告出去,单区域为骨干区域 0
R2(config-router)# network 192.168.3.0 0.0.0.255 area 0
R2(config-router)# end                                //退回到特权模式下
```

步骤 6 在三层交换机 SW3 上配置 OSPF 路由协议。

```
SW3#config t
SW3(config)# route ospf 100                           //进入到 OSPF 配置模式下,本地进程号为 100
```

```
SW3(config-router)#network 192.168.1.0 0.0.0.255 area 0
                                                              //将直连网段宣告出去,单区域为骨干区域 0
SW3(config-router)#network 192.168.5.0 0.0.0.255 area 0
SW3(config-router)#end                                        //退回到特权模式下
```

步骤 7 在 **R1、R2** 和 **SW3** 上查看路由表信息。

```
R1#show ip route                                              //R1 上查看路由表信息
Codes: C-connected, S-static, R-RIP, B-BGP
       O-OSPF, IA-OSPF inter area
       N1-OSPF NSSA external type 1, N2-OSPF NSSA external type 2
       E1-OSPF external type 1, E2-OSPF external type 2
       i-IS-IS, su-IS-IS summary, L1-IS-IS level-1, L2-IS-IS level-2
       ia-IS-IS inter area, *-candidate default

Gateway of last resort is no set
C    192.168.1.0/24 is directly connected, FastEthernet 0/1
C    192.168.1.1/32 is local host.
C    192.168.2.0/24 is directly connected, Serial 3/0
C    192.168.2.1/32 is local host.
O    192.168.3.0/24 [110/51] via 192.168.2.2, 00:01:01, Serial 3/0
O    192.168.5.0/24 [110/2] via 192.168.1.2, 00:02:56, FastEthernet 0/1

R2#show ip route                                              //R2 上查看路由表信息
Codes: C-connected, S-static, R-RIP, B-BGP
       O-OSPF, IA-OSPF inter area
       N1-OSPF NSSA external type 1, N2-OSPF NSSA external type 2
       E1-OSPF external type 1, E2-OSPF external type 2
       i-IS-IS, su-IS-IS summary, L1-IS-IS level-1, L2-IS-IS level-2
       ia-IS-IS inter area, *-candidate default

Gateway of last resort is no set
O    192.168.1.0/24 [110/51] via 192.168.2.1, 00:01:18, Serial 3/0
C    192.168.2.0/24 is directly connected, Serial 3/0
C    192.168.2.2/32 is local host.
C    192.168.3.0/24 is directly connected, FastEthernet 0/1
C    192.168.3.1/32 is local host.
O    192.168.5.0/24 [110/52] via 192.168.2.1, 00:01:18, Serial 3/0

SW3#show ip route                                             //SW3 上查看路由表信息
Codes: C-connected, S-static, R-RIP, B-BGP
       O-OSPF, IA-OSPF inter area
       N1-OSPF NSSA external type 1, N2-OSPF NSSA external type 2
       E1-OSPF external type 1, E2-OSPF external type 2
       i-IS-IS, su-IS-IS summary, L1-IS-IS level-1, L2-IS-IS level-2
       ia-IS-IS inter area, *-candidate default

Gateway of last resort is no set
```

C   192.168.1.0/24 is directly connected, FastEthernet 0/1
C   192.168.1.2/32 is local host.
O   192.168.2.0/24 [110/51] via 192.168.1.1, 00:02:25, FastEthernet 0/1
O   192.168.3.0/24 [110/52] via 192.168.1.1, 00:00:18, FastEthernet 0/1
C   192.168.5.0/24 is directly connected, FastEthernet 0/5
C   192.168.5.1/32 is local host.

步骤 8　测试总公司 PC1 与分公司 PC2 之间的通信状态。如图 **7.12** 所示。

图 7.12　PC1 与 PC2 之间通信测试

注意事项

1. 宣告直连网段时，注意要写该网段的通配符掩码。
2. 宣告直连网段时，必须指明所属的区域，单区域的话为骨干区域"0"。

7.4　项目小结

通过该项目的学习，我们了解了 RIP 是基于距离矢量算法的路由协议，OSPF 是基于链路状态算法的路由协议。由于 RIP 路由协议收敛速度较慢，所以它不适用于大规模的网络，因此 RIP 路由的最大"跳数"是 15，如果一条路由的"跳数"达到了 16，那么就认为该路由是无效的。OSPF 由于它的收敛速度快，所以适合大规模的网络，最多可支持几百台路由器。

7.5　理解与实训

选择题

1. 下列哪项不属于内部网关协议？（　　）

A. RIPv2　　　　　　　　　　　　B. BGP

C. OSPF　　　　　　　　　　　　D. IS-IS

2. 查看当前运行路由协议的详细信息的命令是（　　）。
   A. show ip protocols　　　　　　　B. show ipconfig
   C. show run　　　　　　　　　　　D. show ip int b
3. 在 RIP 协议中，将路由跳数（　　）定为不可达。
   A. 15　　　　B. 255　　　　C. 128　　　　D. 16
4. RIPv2 的多播方式以多播地址（　　）周期发布 RIPv2 报文。
   A. 224.0.0.0　　B. 224.0.0.9　　C. 127.0.0.1　　D. 220.0.0.8
5. RIP 协议用来请求对方路由表的报文和周期性广播的报文是哪两种报文？（　　）
   A. Request 报文和 HELLO 报文　　　B. Response 报文和 HELLO 报文
   C. Request 报文和 Response 报文　　D. Request 报文和 Keeplive 报文
6. 数据报文通过查找路由表获知什么？（　　）
   A. 整个报文传输的路径　　　　　　B. 网络拓扑结构
   C. 下一跳地址　　　　　　　　　　D. 以上说法均不对
7. 迪杰斯特拉算法主要特点是什么？（　　）
   A. 以中点开始向外层层扩展，直到扩展到终点为止
   B. 以中点开始向外层层扩展，直到扩展到起点为止
   C. 以起始点为中心点开始向外层层扩展，直到扩展到终点为止
   D. 以终点为中心点开始向外层层扩展，直到扩展到起点为止
8. OSPF 区域就如同一个独立的网络，该区域的 OSPF 路由器（　　）。
   A. 保存自己和隔壁区域的链路状态
   B. 保存同一网络上所有区域的链路状态
   C. 只保存自己区域的链路状态
   D. 不保存链路状态

填空题

1. 根据路由选择算法不同，动态路由协议可分为＿＿＿＿和＿＿＿＿两类。
2. RIP 利用＿＿＿＿作为尺度来衡量路由距离，其是一个数据包从本地网络到达目标网络所经过的路由器（包括其他三层及以上的互联设备）的数目。
3. OSPF 路由协议引入＿＿＿＿路由的概念，将网络分割为一个主干连接的一组相互独立的部分。

问答题

1. 静态路由与动态路由有什么区别？
2. 动态路由协议可以分为哪几类？
3. RIP 路由协议与 OSPF 路由协议有哪些区别？

实训任务

如图 7.13 所示，某集团公司总部设在北京，并已经组建了内部局域网。随着公司规模

和业务的扩大,公司在天津设立了分公司。总公司希望和分公司联网,使得总公司和分公司之间的计算机能够像同一个内网中的计算机一样相互访问。总公司的路由器 R1 与分公司的路由器 R2 通过串口 S3/0 相互连接,R1 端口 F0/1 连接三层交换机 SW3 的端口 F0/24,总公司内网计算机 PC1 属于 VLAN 10,连接在 SW3 的端口 F0/1 上,总公司内网计算机 PC2 属于 VLAN 20,连接在 SW3 的端口 F0/2 上。分公司路由器 R2 的端口 F0/1 连接分公司内网计算机 PC3。IP 地址规划与配置如表 7.3 所示。

1. 请在总公司路由器 R1、R2、SW3 设置 RIPv2 路由协议,实现总公司计算机 PC1、PC2 和分公司计算机 PC3 能相互通信。

2. 请在总公司路由器 R1、R2、SW3 设置 OSPF 路由协议,实现总公司计算机 PC1、PC2 和分公司计算机 PC3 能相互通信。

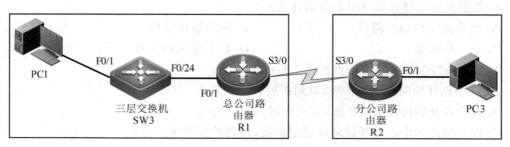

图 7.13 动态路由协议配置

表 7.3 IP 地址规划与配置

设备名称	IP 地址	子网掩码	网关
R1 的 F0/1	172.16.0.1	255.255.255.0	
R1 的 S3/0	10.10.10.1	255.255.255.252	
R2 的 F0/0	192.168.30.254	255.255.255.0	
R2 的 S3/0	10.10.10.2	255.255.255.252	
SW3 的 F0/24	172.16.0.2	255.255.255.0	
SW3 的 SVI VLAN 10	192.168.10.254	255.255.255.0	
SW3 的 SVI VLAN 20	192.168.20.254	255.255.255.0	
PC1	192.168.10.10	255.255.255.0	192.168.10.254
PC2	192.168.20.20	255.255.255.0	192.168.20.254
PC3	192.168.30.30	255.255.255.0	192.168.30.254

项目八

配置访问控制列表实现安全访问

教学目标

1. 了解访问控制列表的概念；
2. 理解访问控制列表的工作原理；
3. 了解访问控制列表的分类；
4. 掌握标准 IP 访问控制列表的配置方法；
5. 了解扩展 IP 访问控制列表的基本概念；
6. 掌握扩展 IP 访问控制列表的配置方法。

8.1 项目内容

假设某公司有行政、财务、员工三个部门，网络规划中三个部门的 IP 地址分别属于不同的 3 个网段。为了安全起见，公司领导要求员工部门不能对财务部门进行访问，但行政部门可以对财务部门进行访问。公司现有一台服务器提供 WWW 服务和 FTP 服务。公司领导规定员工部门计算机只能对服务器进行 FTP 访问，不能进行 WWW 访问，经理部门的计算机既可以访问 FTP 也可以访问 WWW 服务。本项目内容是通过对三层网络设备（路由器和交换机）的配置，来实现公司各部门对网络数据的访问控制。

8.2 相关知识

为了能够在三层网络设备（路由器和交换机）中，通过配置设备参数来启用其内嵌的 ACL 功能，从而实现对网络 IP 数据的安全访问控制，必须先了解访问控制列表（ACL）的相关概念、访问控制列表的工作原理、访问控制列表的分类、标准 IP 访问控制列表配置命令、扩展访问控制列表的概念、扩展访问控制列表配置命令等知识。

8.2.1 访问控制列表的概念

访问控制列表的概念与分类

随着 Internet 的快速发展,网络安全问题日趋突出。为了保护局域网内某些设备和数据系统的安全,网络管理员经常需要设法拒绝某些非法用户对保护对象的访问连接,但要允许那些正常的访问连接。例如,网络管理员允许局域网内的用户访问 Internet,同时它却不希望局域网以外的用户通过互联网访问局域网内部的文件服务器。

访问控制列表(Access Control List,ACL)是一种应用在交换机与路由器上的技术,其主要目的是对网络数据通信进行过滤,实现对各种访问的控制需求。访问控制列表通过对数据包中的信息,如源地址、目的地址、协议号、源端口、目的端口等来区分数据包的特性,根据预先定义好的规则允许(permit)或拒绝(deny)该数据包被设备转发,从而实现对网络数据传输的控制。

8.2.2 访问控制列表的工作原理

访问控制列表是一组规则的集合,它应用在交换机或者路由器的某个接口上。访问控制列表的设置过程主要有两个步骤:定义规则和应用到接口上。

如果对接口应用了访问控制列表,也就是说该接口应用了一组规则,那么路由器(或三层交换机)将对数据包应用该组规则进行检测。在检测数据包是否允许被转发时,遵循以下基本规则。

(1)如果匹配第一条规则,则不再往下检测,路由器或者交换机将决定允许该数据包通过或者拒绝其通过。

(2)如果不匹配第一条规则,则依次往下检测,直到有任何一条规则与之相匹配,路由器或交换机将决定允许该数据包通过或拒绝其通过。

(3)如果最后没有一条规则匹配,则路由器或交换机根据默认的规则将丢弃该数据包。

由以上几条基本规则可知,由于存在规则匹配的次序性,各条规则的放置顺序很重要。一旦找到了某一匹配规则,就结束比较,不再检测其后的其他规则。该过程的逻辑结构如图 8.1 所示。

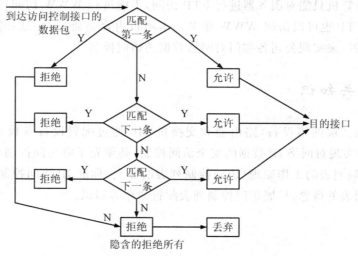

图 8.1 访问控制列表处理数据包的过程

需要注意的是在访问控制列表的末尾,总有一条隐含的拒绝所有(deny any)数据包通过,意味着如果数据包不与任何规则匹配,则默认的动作就是拒绝该数据包通过。

在路由器(或交换机)接口上应用访问控制列表有进(in)和出(out)两个方向。进方向的ACL负责过滤进入接口的数据流量,出方向的ACL负责过滤从接口发出的数据流量。进方向和出方向上ACL的工作流程如图8.2和图8.3所示。

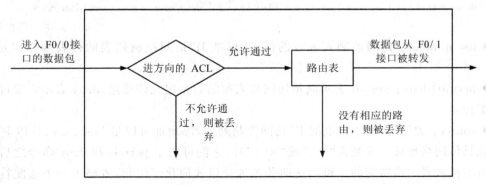

图8.2 进(in)方向上ACL的控制

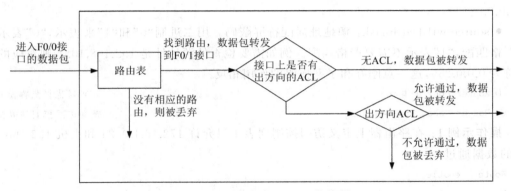

图8.3 出(out)方向上ACL的控制

8.2.3 访问控制列表的分类

最常用的访问控制列表分以下几类。

1. 标准IP访问控制列表

标准IP访问控制列表编号范围为1~99,其作用为根据数据包的源地址(host ip)对数据包进行过滤处理,采取允许或拒绝的动作。

2. 扩展IP访问控制列表

扩展IP访问控制列表编号范围为100~199,它可以处理更多的匹配项,包括源地址、目的地址、协议号、源端口、目的端口等,根据这些匹配项对数据包进行过滤,采取允许或拒绝数据包的动作。

8.2.4 标准IP访问控制列表配置命令

标准访问控制
列表配置命令

标准访问控制列表是一种简单、直接的数据控制手段。它只根据数据包的源地址进行过滤,而不考虑数据包的目的地址。同时只能拒绝或允许整个协议族的数据包,而不能根据具体的协议对数据包进行过滤。下面以路由器中的命令为例来介绍。

1. 创建标准 IP 访问控制列表的命令组

① Router＞enable　　　　　　　　　　　　　　　//路由器从用户模式进入到特权模式
② Router#config terminal　　　　　　　　　　　//路由器从特权模式进入到全局配置模式
③ Router(config)#access-list list number permit│deny source source-wildcardmask
　　　　　　　　　　　　　　　　　　　　　　　//定义标准 IP 访问控制列表

- list number：访问控制列表号的范围,标准 IP 访问控制列表的列表号标识是从 1 到 99。
- permit│deny：permit 表示满足访问列表项的数据包允许通过,deny 表示需要过滤掉该数据包。
- source：源地址,对于标准的 IP 访问控制列表,源地址可以是 host、any、具体主机 IP 地址或具体网络地址。参数为"any"或"host"时,它们可用于 permit 和 deny 命令之后来说明任何主机或者一台特定的主机。这两种源地址格式简化了语句,省略了一个通配符屏蔽码。"any"参数等于通配符屏蔽码为 255.255.255.255,"host"参数等同于通配符屏蔽码为 0.0.0.0。
- source-wildcardmask：源地址通配符屏蔽码。用二进制"0"和"1"来表示,"0"表示需要严格匹配,"1"表示不需要严格匹配。例如需要检查的源地址是 192.168.10.0,则对应的通配符为 0.0.0.255,这一点刚好和子网掩码的作用相反。

④ Router(config)#end　　　　　　　　　　　　　//退回到特权配置模式下
⑤ Router#show access-lists　　　　　　　　　　//查看访问控制列表配置

操作示例 1：在路由器上定义访问控制列表 1 只允许 172.16.1.0/24 和主机 192.168.10.10 的数据通过。

Router＞enable
Router#config terminal
Router(config)#access-list 1 permit 172.16.1.0 0.0.0.255
Router(config)#access-list 1 permit host 192.168.10.10
Router(config)#end
Router#show access-lists

需要注意 172.16.1.0/24 的子网掩码是 255.255.255.0,则通配符为 0.0.0.255。特定主机可以用参数"host",这样后面就不用写通配符屏蔽码。

请思考,在操作示例 1 中,如果有来自网络 172.16.2.0/24 的数据,那么是否能够通过呢? 答案是不允许通过,因为在访问控制列表的最后都隐含了一条"拒绝所有数据包通过"的语句。如果要允许 172.16.2.0/24 的数据通过,则必须在访问控制列表中明确地写出允许的语句,否则数据就不能通过。

操作示例 2：在路由器上定义访问控制列表 2 拒绝来自网络 192.168.1.0/24 的数据,允许来自其他网络的所有数据通过。

Router＞enable
Router#config terminal

```
Router(config)# access-list 2 deny 192.168.1.0 0.0.0.255
Router(config)# access-list 2 permit any
Router(config)# end
Router# show access-lists
```

请注意,访问控制列表语句的执行原则是从上至下,逐条匹配,一旦匹配成功就执行动作并跳出列表。如果要想允许来自其他所有网络的数据通过,可以在最后添加一条 permit any 语句。但还要注意的是在操作示例 2 中的语句顺序是不能颠倒的,如果先写 permit any 语句,则其后所有的网络数据都将被允许通过,包括 192.168.1.0/24 网段。这样就不符合实际功能要求了。

2. 删除已建立的 IP 标准访问控制列表的命令组

① Router>enable   //路由器从用户模式进入到特权模式
② Router# config terminal   //路由器从特权模式进入到全局配置模式
③ Router(config)# no access-list access-list-number

//对于标准 IP 访问控制列表来说,不能删除单条 ACL 语句,只能删除整个 ACL。如果要改一条或者几条 ACL 语句,必须先删除整个 ACL,然后再重新输入所有的 ACL 语句。

操作示例:在路由器上删除访问控制列表 1。

```
Router>enable
Router# config terminal
Router(config)# no access-list 1
Router(config)# end
Router# show access-lists
```

3. 将标准 ACL 应用到接口上的命令组

① Router>enable   //路由器从用户模式进入到特权模式
② Router# config terminal   //路由器从特权模式进入到全局配置模式
③ Router(config)# interface slot-number/interface-number

//进入到路由器接口配置模式,参数 slot-number 表示插槽号,参数 interface-number 表示端口号

④ Router(config-if)# ip access-group access-list-number in | out

//将 ACL 表应用到指定的接口上。参数 in | out 用来指明将 ACL 应用到接口的进(in)方向还是出(out)方向

注意:创建 ACL 规则后,只有将 ACL 规则应用于到接口上,ACL 才会生效。

操作示例:在路由器上定义访问控制列表 3 只允许 192.168.10.0/24 和主机 192.168.20.20 的数据通过,并将访问控制列表 3 应用到路由器端口 F0/0 的进(in)方向。

```
Router>enable
Router# config terminal
Router(config)# access-list 3 permit 192.168.10.0 0.0.0.255
Router(config)# access-list 3 permit host 192.168.20.20
Router(config)# interface f0/0
Router(config-if)# ip access-group 3 in
Router(config-if)# end
Router# show access-lists
```

8.2.5 扩展 IP 访问控制列表的概念

顾名思义,扩展的 IP 访问控制列表用于扩展报文过滤能力。扩展 IP 访问控制列表的编号范围为 100~199,可以处理更多的匹配项。一个扩展的 IP 访问控制列表允许用户根据如下内容过滤报文:源地址、目的地址、协议类型、源端口、目的端口等。例如,通过扩展 IP 访问控制列表用户可以实现:允许外部 WEB 应用数据包通过,而拒绝外来的 FTP 和 Telnet 应用数据通过。

扩展的 ACL 既检测数据包的源地址,也检测数据包的目的地址。此外,还可以检测数据包特定的协议类型、端口号等。这种扩展后的特性给管理员带来了更大的安全控制空间,可以更灵活地设置 ACL 的条件。

扩展 ACL 比标准 ACL 提供了更多的分组处理方法。标准 ACL 只能禁止或拒绝整个协议集,但扩展 ACL 可以允许或拒绝协议集中的某个协议,例如允许 FTP 而拒绝 HTTP 协议。表 8.1 列出了常见的协议和端口号。

表 8.1 常见网络服务的端口号

常见端口号(Port Number)	协议名称
20	文件传输协议(FTP)数据
21	文件传输协议(FTP)程序
23	远程登录协议(Telnet)
25	简单邮件传输协议(SMTP)
53	域名服务系统(DNS)
69	简单文件传输协议(TFTP)
80	超文本传输协议(HTTP)

8.2.6 扩展 IP 访问控制列表配置命令

1. 创建扩展 IP 访问控制列表的命令组

① Router>enable   //路由器从用户模式进入到特权模式
② Router#config terminal   //路由器从特权模式进入到全局配置模式
③ Router(config)# access-list access-list-number [permit | deny] protocol source source-wildcardmask destination destination-wildcardmask operator port

　　　　　　　　　　　//定义编号为 access-list-number 的扩展 IP 访问控制列表

● access-list-number:扩展 IP 访问控制列表的编号,其范围为 100~199。

● permit | deny:关键字 permit 或 deny 用来指明满足访问列表项条件的数据包是被允许通过接口,还是要被过滤掉。

● protocol:用来指定协议类型,如 IP、TCP、UDP、ICMP 等。若过滤应用层数据,则此处必须为 TCP 或者 UDP 协议。

● source:源地址,可以是 host、any、具体主机 IP 地址或具体网络地址。

- source-wildcardmask：源地址通配符屏蔽码，与源地址对应。用二进制"0"和"1"来表示，"0"表示需要严格匹配，"1"表示不需要严格匹配，一般与子网掩码相反。
- destination：目的地址，目的地址也可以是 host、any。
- destination-wildcardmask：目的地址通配符屏蔽码，与目的地址对应。用二进制"0"和"1"来表示，"0"表示需要严格匹配，"1"表示不需要严格匹配，一般与子网掩码相反。
- operator port：操作码与端口号。常用的操作码有 lt(小于)、gt(大于)、eq(等于)、neq(不等于)，端口号为网络应用服务的端口号。

④ Router(config)#end　　　　　　　　　　　　　//退回到特权配置模式下
⑤ Router#show access-lists　　　　　　　　　　//查看访问控制列表配置

操作示例 1：在路由器上创建编号为 100 的扩展 IP 访问控制列表，只允许来自网络 172.16.1.0/24 访问网络 192.168.10.0/24 的数据包通过，拒绝其他所有数据包。

Router>enable
Router#config terminal
Router(config)#access-list 100 permit ip 172.16.1.0 0.0.0.255 192.168.10.0 0.0.0.255
Router(config)#exit
Router#show access-lists

补充说明：访问控制列表在最后隐含拒绝所有数据包通过的语句，所以拒绝其他网络数据的命令语句可以省略不写，只需写出允许通过数据的命令语句组。

操作示例 2：在路由器上定义编号为 101 的扩展 IP 访问控制列表，拒绝来自网络 172.16.1.0/24 访问 FTP 服务器 192.168.2.100 的数据通过，允许其他所有流量通过。

Router>enable
Router#config terminal
Router(config)#access-list 101 deny tcp 172.16.1.0 0.0.0.255 host 192.168.2.100 eq 21
Router(config)#access-list 101 permit ip any any
Router(config)#exit
Router#show access-lists

补充说明：FTP 服务使用的端口号为 21，在传输层使用的协议是 TCP 协议。允许其他所有网络数据通过的命令：permit ip any any，第一个"any"代表任何源地址，第二个"any"代表任何目的地址。

操作示例 3：在路由器上定义编号为 102 的扩展 IP 访问控制列表，拒绝来自网络 172.16.1.0/24 访问 FTP 服务器 192.168.2.100 的数据包通过，但允许访问 WWW 服务器 192.168.2.101，拒绝其他所有数据包通过。

Router>enable
Router#config terminal
Router(config)#access-list 102 deny tcp 172.16.1.0 0.0.0.255 host 192.168.2.100 eq ftp
Router(config)#access-list 102 permit tcp 172.16.1.0 0.0.0.255 host 192.168.2.101 eq http
Router(config)#access-list 102 deny ip any any
Router(config)#exit
Router#show access-lists

补充说明：在实际操作中，扩展 IP 访问控制列表中以数字表示的应用程序端口号也可以直接用具体的协议名称,如 FTP、HTTP 等来代替。"拒绝所有其他网络数据提供"这条命令可以省略不写,但是需要注意的是在定具体定义访问控制列表中各条命令语句时,一定要注意命令语句的前后顺序。与标准 IP 访问控制列表一样,扩展 IP 访问控制列表也是按照由上至下的顺序执行语句。如果顺序不对,可能会导致不能正确实现事先规定的控制策略。

2. 删除已建立的扩展 IP 访问控制列表命令组

① Router＞enable　　　　　　　　　　　　　//路由器从用户模式进入到特权模式
② Router#config terminal　　　　　　　　　//路由器从特权模式进入到全局配置模式
③ Router(config)#no access-list　access-list-number
　　//删除已建立的扩展 IP ACL 访问控制列表。语法与标准 IP ACL 一样,也不能删除单条 ACL 语句,只能删除整个 ACL。如:no access-list 100

3. 将扩展 IP 访问控制列表应用到接口上

① Router＞enable　　　　　　　　　　　　　//路由器从用户模式进入到特权模式
② Router#config terminal　　　　　　　　　//路由器从特权模式进入到全局配置模式
③ Router(config)#interface slot-number/interface-number
　　//选择路由器接口,进入到接口配置模式,参数 slot-number 表示插槽号,参数 interface-number 表示端口号
④ Router(config-if)#ip access-group access-list-number in | out
　　//将扩展 IP ACL 应用到接口上,扩展 IP ACL 才会生效。参数 in | out 用来指明将 ACL 应用到接口的进(in)方向还是出(out)方向

操作示例 4:在路由器上定义编号为 103 的扩展 IP 访问控制列表,不允许主机 172.16.10.10 访问 FTP 服务器 192.168.2.100 的数据包通过,但允许其访问 WWW 服务器 192.168.2.101,拒绝其他所有网络数据通过。将扩展 IP 访问控制列表的规则应用到路由器端口 F0/1 的进(in)方向上。

Router＞enable
Router#config terminal
Router(config)#access-list 103 permit tcp host 172.16.10.10 host 192.168.2.101 eq http
Router(config)#interface f0/1
Router(config-if)#ip access-group 103 in
Router(config-if)#end
Router#show access-lists

补充说明:因为在访问控制列表中最后都隐含了一条拒绝所有数据包通过的语句,包含了不允许主机 172.16.10.10 访问 FTP 服务器 192.168.2.100 的数据通过,所以这条命令可以省略不写。

8.3　工作任务示例

8.3.1　示例 1:配置标准 IP 访问控制列表实现安全访问

假设某公司现有经理部、财务部和员工部三个部门,公司局域网的网络拓扑结构如图 8.4 所示。其中,PC1 是经理部门的计算机,连接在三层交换机 Switch1 的端口 F0/2 上。

标准访问控制列表工作任务示例

PC2 是员工部门的计算机，连接在三层交换机 Switch1 的端口 F0/3 上，PC3 是财务部门的计算机，连接在路由器 Router2 的端口 F0/0 上。三层交换机 Switch1 的端口 F0/1 连接在 Router1 的端口 F0/0 上，Router1 与 Router2 之间通过串口 S3/0 连接，其中 Router1 的 S3/0 为 DCE 端。

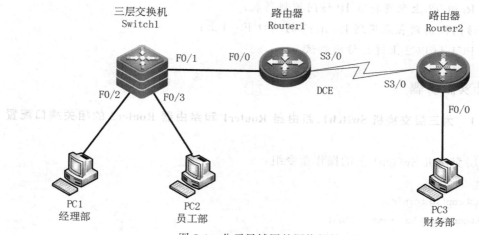

图 8.4　公司局域网的网络拓扑

由于公司管理的需要，公司领导要求员工部门不能对财务部门进行访问，但经理部可以对财务部门进行访问。若你是该公司的网络管理员，要求你通过配置标准 IP 访问控制列表的方法来实现公司领导要求的访问控制功能。公司局域网的 IP 地址规划与配置如表 8.2 所示。

表 8.2　IP 地址规划与配置

设备名称	IP 地址	子网掩码	网关
Switch1 的 F0/1	172.16.1.2	255.255.255.0	
Switch1 的 F0/2	172.16.2.1	255.255.255.0	
Switch1 的 F0/3	172.16.5.1	255.255.255.0	
Router1 的 F0/0	172.16.1.1	255.255.255.0	
Router1 的 S3/0	172.16.4.1	255.255.255.0	
Router2 的 F0/0	172.16.3.1	255.255.255.0	
Router2 的 S3/0	172.16.4.2	255.255.255.0	
PC1	172.16.2.11	255.255.255.0	172.16.2.1
PC2	172.16.5.11	255.255.255.0	172.16.5.1
PC3	172.16.3.33	255.255.255.0	172.16.3.1

任务目标

1. 为三层交换机 Switch1、路由器 Router1 和路由器 Router2 的端口配置 IP 地址;
2. 在 Switch1、Router1、Router2 上配置 OSPF 动态路由协议;
3. 在 Router2 上配置标准 IP 访问控制列表;
4. 把访问控制列表应用到 Router2 的端口 F0/0 上;
5. 在 PC1 和 PC2 上进行访问测试。

具体实施步骤

步骤 1 为三层交换机 Switch1、路由器 Router1 和路由器 Router2 的相关端口配置 IP 地址。

在三层交换机 Switch1 上的操作命令组:

```
Switch>enable
Switch#config terminal
Switch(config)#hostname Switch1
Switch1(config)#int fastEthernet 0/1
Switch1(config-if-FastEthernet 0/1)#no switchport          //关闭端口的交换模式,开启路由模式
Switch1(config-if-FastEthernet 0/1)#ip address 172.16.1.2 255.255.255.0
Switch1(config-if-FastEthernet 0/1)#no shutdown
Switch1(config-if-FastEthernet 0/1)#exit
Switch1(config)#int fastEthernet 0/2
Switch1(config-if-FastEthernet 0/2)#no switchport
Switch1(config-if-FastEthernet 0/2)#ip address 172.16.2.1 255.255.255.0
Switch1(config-if-FastEthernet 0/2)#no shutdown
Switch1(config-if-FastEthernet 0/2)#exit
Switch1(config)#int fastEthernet 0/3
Switch1(config-if-FastEthernet 0/3)#no switchport
Switch1(config-if-FastEthernet 0/3)#ip address 172.16.5.1 255.255.255.0
Switch1(config-if-FastEthernet 0/3)#no shutdown
Switch1(config-if-FastEthernet 0/3)#end                    //退回到特权模式下
Switch1#show ip int brief                                  //查看 IP 地址配置情况
```

Interface	IP-Address(Pri)	OK?	Status
FastEthernet 0/1	172.16.1.2/24	YES	UP
FastEthernet 0/2	172.16.2.1/24	YES	UP
FastEthernet 0/3	172.16.5.1/24	YES	UP

在路由器 Router1 上的操作命令组:

```
Router>enable
Router#configure terminal
Router(config)#hostname Router1
Router1(config)#int fastEthernet 0/0
```

```
Router1(config-if-FastEthernet 0/0)# ip address 172.16.1.1 255.255.255.0
Router1(config-if-FastEthernet 0/0)# no shutdown
Router1(config-if-FastEthernet 0/0)# exit
Router1(config)# int serial 3/0
Router1(config-if-Serial 3/0)# ip address 172.16.4.1 255.255.255.0
Router1(config-if-Serial 3/0)# clock rate 64000            //Router1 的 S3/0 为 DCE 端
Router1(config-if-Serial 3/0)# no shutdown
Router1(config-if-Serial 3/0)# exit
Router1(config)# end
Router1# show ip int brief                                 //查看 IP 地址配置情况
Interface              IP-Address(Pri)      OK?      Status
Serial 3/0             172.16.4.1/24        YES      UP
FastEthernet 0/0       172.16.1.1/24        YES      UP
FastEthernet 0/1       no address           YES      DOWN
```

在路由器 Router2 上的操作命令组：

```
Router> enable
Router# config t
Router(config)# hostname Router2
Router2(config)# int fastEthernet 0/0
Router2(config-if-FastEthernet 0/0)# ip address 172.16.3.1 255.255.255.0
Router2(config-if-FastEthernet 0/0)# no shutdown
Router2(config-if-FastEthernet 0/0)# exit
Router2(config)# int serial 3/0
Router2(config-if-Serial 3/0)# ip address 172.16.4.2 255.255.255.0
Router2(config-if-Serial 3/0)# no shutdown
Router2(config-if-Serial 3/0)# exit
Router2(config)# end
Router2# show ip int brief                                 //查看 IP 地址配置情况
Interface              IP-Address(Pri)      OK?      Status
Serial 3/0             172.16.4.2/24        YES      UP
Serial 4/0             no address           YES      DOWN
FastEthernet 0/0       172.16.3.1/24        YES      UP
FastEthernet 0/1       no address           YES      DOWN
```

步骤 2 在 Switch1、Router1、Router2 上配置动态路由协议 OSPF，以实现 PC1、PC2 和 PC3 间相互访问。

在 Switch1 上配置 OSPF 的操作命令组：

```
Switch1(config)# route ospf 100
Switch1(config-router)# network 172.16.1.0 0.0.0.255 area 0
Switch1(config-router)# network 172.16.2.0 0.0.0.255 area 0
Switch1(config-router)# network 172.16.5.0 0.0.0.255 area 0
```

在 Router1 上配置 OSPF 的操作命令组：

```
Router1(config)#route ospf 100
Router1(config-router)#network 172.16.4.0 0.0.0.255 area 0
Router1(config-router)#network 172.16.1.0 0.0.0.255 area 0
```

在 Router2 上配置 OSPF 的操作命令组：

```
Router2(config)#route ospf 100
Router2(config-router)#network 172.16.4.0 0.0.0.255 area 0
Router2(config-router)#network 172.16.3.0 0.0.0.255 area 0
Router1#show ip route                                          //查看 Router1 的路由状态
Codes: C-connected, S-static, R-RIP, B-BGP
       O-OSPF, IA-OSPF inter area
       N1-OSPF NSSA external type 1, N2-OSPF NSSA external type 2
       E1-OSPF external type 1, E2-OSPF external type 2
       i-IS-IS, su-IS-IS summary, L1-IS-IS level-1, L2-IS-IS level-2
       ia-IS-IS inter area, *-candidate default
Gateway of last resort is no set
C    172.16.1.0/24 is directly connected, FastEthernet 0/0
C    172.16.1.1/32 is local host.
O    172.16.2.0/24 [110/2] via 172.16.1.2, 00:08:14, FastEthernet 0/0
O    172.16.3.0/24 [110/51] via 172.16.4.2, 00:06:01, Serial 3/0
C    172.16.4.0/24 is directly connected, Serial 3/0
C    172.16.4.1/32 is local host.
O    172.16.5.0/24 [110/2] via 172.16.1.2, 00:13:35, FastEthernet 0/0
```

配置完动态路由 OSPF 后，经理部的 PC1、员工部的 PC2 和财务部的 PC3 之间便可以相互访问了，但还不能满足任务中所要求的访问控制功能，要由下面的命令组来实现这些功能。

步骤 3 在 Router2 上配置标准 IP 访问控制列表。

补充说明：由于标准 IP 访问控制列表仅检测数据包的源 IP 地址，能够拒绝和允许所有的协议，所以一般都与靠近目的网段的网络接口建立关联。如果在 Switch1 上配置访问控制列表并应用在端口 F0/3 上，那么员工部门访问任何网段都将被拒绝，包括刚刚建立的 OSPF。本任务的要求是不允许员工部访问财务部，所以要把访问控制列表创建在 Router2 上。

```
Router2(config)#access-list 1 deny 172.16.5.0 0.0.0.255
                    //拒绝来自 172.16.5.0 网段的数据通过,即拒绝来自员工部门的网段。
Router2(config)#access-list 1 permit 172.16.2.0 0.0.0.255
                    //允许来自 172.16.2.0 网段的数通过,即允许来自经理部门的数据通过。
Router2#show access-lists                                    //查看访问控制列表的状态
ip access-list standard 1
  10 deny 172.16.5.0 0.0.0.255
  20 permit 172.16.2.0 0.0.0.255
```

步骤 4　把访问控制列表应用到 **Router2** 的端口 **F0/0** 上。

补充说明：由于标准 IP 访问控制列表只检测源地址，因而访问控制列表应当尽量靠近目的网络的接口上应用规则。

Router2(config)#interface fastEthernet 0/0
Router2(config-if-FastEthernet 0/0)#ip access-group 1 out //在端口 F0/0 的出方向上应用该规则

步骤 5　在 **PC1** 和 **PC2** 上进行访问测试。

借助于网络设备中访问控制列表的控制，经理部的计算机 PC1 能够 ping 通财务部的计算机 PC3，员工部的计算机 PC2 不能 ping 通财务部的计算机 PC3，实现了公司的要求。如图 8.5 所示，在经理部计算机 PC1 上 ping 财务部门的计算机 PC3，测试结果表明能够相互通信。

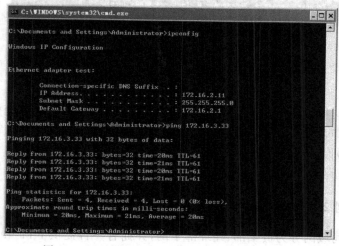

图 8.5　经理部 PC1 访问财务部 PC3 的测试结果

在员工部计算机 PC2 上 ping 财务部门的计算机 PC3，如图 8.6 所示，测试结果显示动态路由 OSPF 设置好后，没有应用访问控制列表前 PC2 和 PC3 可以相互通信。如图 8.7 所示，应用访问控制列表后 PC2 和 PC3 不能相互通信。

图 8.6　员工部 PC2 访问财务部 PC3 的测试结果

```
C:\WINDOWS\system32\cmd.exe
C:\Documents and Settings\Administrator>ipconfig

Windows IP Configuration


Ethernet adapter test:

        Connection-specific DNS Suffix  . :
        IP Address. . . . . . . . . . . . : 172.16.5.11
        Subnet Mask . . . . . . . . . . . : 255.255.255.0
        Default Gateway . . . . . . . . . : 172.16.5.1

C:\Documents and Settings\Administrator>ping 172.16.3.33

Pinging 172.16.3.33 with 32 bytes of data:

Request timed out.
Request timed out.
Request timed out.
Request timed out.

Ping statistics for 172.16.3.33:
    Packets: Sent = 4, Received = 0, Lost = 4 (100% loss),

C:\Documents and Settings\Administrator>
```

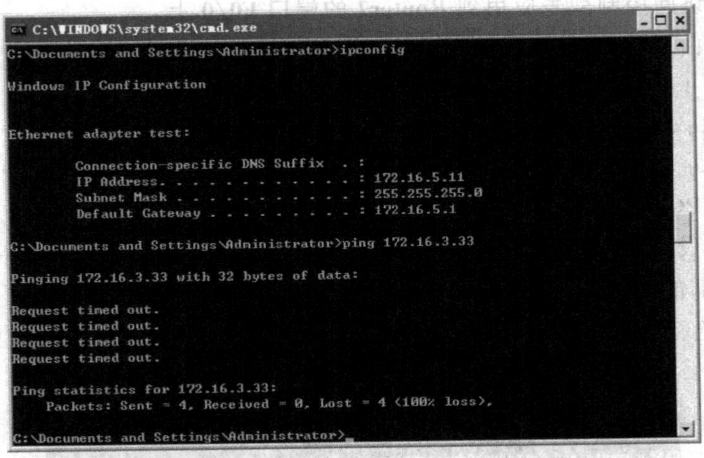

图 8.7　使用 ACL 后员工部访问财务部的测试结果

注意事项

1. 注意在访问控制列表中使用的是通配符不是子网掩码，而是子网掩码的反码；
2. 标准 IP 访问控制列表要尽量应用在靠近目的网段的设备接口上；
3. 访问控制列表最后一条默认规则是拒绝所有网络数据包通过；
4. 所定义的访问控制列表只有应用在接口上后才会生效。

扩展访问控制列表工作任务示例

8.3.2　示例 2：配置扩展 IP 访问控制列表实现安全访问

假设某公司局域网分为员工部、经理部子网，并拥有一台提供 FTP 和 WWW 服务的服务器。部门与服务器的 IP 地址分属于 3 个不同的网段。部门与服务器之间通过一个三层交换机与两个路由器实现数据通信。公司经理部计算机 PC1 连接在三层交换机 SW3 的端口 F0/2 上，员工部计算机 PC2 连接在三层交换机 SW3 的端口 F0/3 上。公司服务器连接在路由器 R2 端口 F0/1 上。三层交换机 F0/1 与路由器 R1 的端口 F0/1 相连，路由器 R1 与路由器 R2 通过串口 S3/0 相连，R1 的 S3/0 为 DCE 端。公司局域网的网络拓扑结构如图 8.8所示。

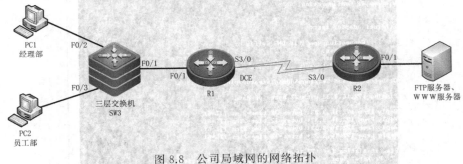

图 8.8　公司局域网的网络拓扑

公司根据管理的需要，规定员工部门的计算机 PC2 只能对公司服务器进行 FTP 访问，不能进行 WWW 访问，经理部门的计算机 PC1 既可以访问公司服务器的 FTP 服务也可以

项目八 配置访问控制列表实现安全访问

访问 WWW 服务。若你是该公司的网络管理员,要求你使用扩展 IP 访问控制列表的方法实现这些功能要求。公司局网络的 IP 地址规划如表 8.3 所示。

表 8.3 公司网络的 IP 地址规划表

设备名称	IP 地址	子网掩码	网关
SW3 的 F0/1	172.16.1.1	255.255.255.0	
SW3 的 F0/2	192.168.10.1	255.255.255.0	
SW3 的 F0/3	192.168.20.1	255.255.255.0	
R1 的 F0/1	172.16.1.2	255.255.255.0	
R1 的 S3/0	10.10.10.1	255.255.255.0	
R2 的 S3/0	10.10.10.2	255.255.255.0	
R2 的 F0/1	192.168.30.1	255.255.255.0	
FTP 服务器、WWW 服务器	192.168.30.254	255.255.255.0	192.168.30.1
经理部门 PC1	192.168.10.10	255.255.255.0	192.168.10.1
员工部门 PC2	192.168.20.20	255.255.255.0	192.168.20.1

任务目标

1. 为三层交换机 SW3 和路由器 R1、R2 的相关端口配置 IP 地址;
2. 在三层交换机 SW3、路由器 R1 和 R2 上配置动态路由协议 OSPF,实现全网贯通;
3. 在三层交换机上配置扩展 IP 访问控制列表;
4. 把访问控制列表应用到交换机的某个接口;
5. 在某一台计算机上配置 WEB、FTP 服务,在经理部计算机 PC1 和员工部计算机 PC2 上进行测试。

具体实施步骤

步骤 1 为三层交换机 SW3 和路由器 R1、R2 的相关端口配置 IP 地址。

为三层交换机 SW3 的端口配置 IP 地址的操作命令组:

```
Switch>enable
Switch#config terminal
Switch(config)#hostname SW3
SW3(config)#interface fastEthernet 0/2
SW3(config-if-FastEthernet 0/2)#no switchport
SW3(config-if-FastEthernet 0/2)#ip address 192.168.10.1 255.255.255.0
SW3(config-if-FastEthernet 0/2)#no shutdown
SW3(config-if-FastEthernet 0/2)#exit
SW3(config)#interface fastEthernet 0/3
```

```
SW3(config-if-FastEthernet 0/3)# no switchport
SW3(config-if-FastEthernet 0/3)# ip address 192.168.20.1 255.255.255.0
SW3(config-if-FastEthernet 0/3)# no shutdown
SW3(config-if-FastEthernet 0/3)# exit
SW3(config)# interface fastEthernet 0/1
SW3(config-if-FastEthernet 0/1)# no switchport
SW3(config-if-FastEthernet 0/1)# ip address 172.16.1.1 255.255.255.0
SW3(config-if-FastEthernet 0/1)# no shutdown
SW3(config-if-FastEthernet 0/1)# end
SW3# show ip interface brief                                          //查看 IP 地址配置信息
Interface              IP-Address(Pri)       OK?       Status
FastEthernet 0/1       172.16.1.1/24         YES       UP
FastEthernet 0/2       192.168.10.1/24       YES       UP
FastEthernet 0/3       192.168.20.1/24       YES       UP
```

为路由器 R1 的端口配置 IP 地址的操作命令组：

```
Router>enable
Router# config terminal
Router(config)# hostname R1
R1(config)# interface fastEthernet 0/1
R1(config-if-FastEthernet 0/1)# ip address 172.16.1.2 255.255.255.0
R1(config-if-FastEthernet 0/1)# no shutdown
R1(config-if-FastEthernet 0/1)# exit
R1(config)# interface serial 3/0
R1(config-if-Serial 3/0)# ip address10.10.10.1 255.255.255.0
R1(config-if-Serial 3/0)# clock rate 64000                            //DCE 端需配置时钟频率
R1(config-if-Serial 3/0)# no shutdown
R1(config-if-Serial 3/0)# end
R1# show ip interface brief                                           //查看 IP 地址配置信息
Interface              IP-Address(Pri)       OK?       Status
Serial 3/0             10.10.10.1/24         YES       UP
Serial 4/0             no address            YES       DOWN
FastEthernet 0/0       no address            YES       DOWN
FastEthernet 0/1       172.16.1.2/24         YES       UP
```

为路由器 R2 的端口配置 IP 地址的操作命令组：

```
Router>enable
Router# config terminal
Router(config)# hostname R2
R2(config)# interface serial 3/0
R2(config-if-Serial 3/0)# ip address10.10.10.2 255.255.255.0
R2(config-if-Serial 3/0)# no shutdown
R2(config-if-Serial 3/0)# exit
```

项目八　配置访问控制列表实现安全访问

```
R2(config)#interface fastEthernet 0/1
R2(config-if-FastEthernet 0/1)#ip address 192.168.30.1 255.255.255.0
R2(config-if-FastEthernet 0/1)#no shutdown
R2(config-if-FastEthernet 0/1)#exit
R2#show ip interface brief                                    //查看 IP 地址配置信息
Interface              IP-Address(Pri)      OK?      Status
Serial 3/0             10.10.10.2/24        YES      UP
FastEthernet 0/0       no address           YES      DOWN
FastEthernet 0/1       192.168.30.1/24      YES      UP
```

步骤 2　在三层交换机 **SW3**、路由器 **R1** 和 **R2** 上配置动态路由协议 **OSPF**，实现全网贯通。

在三层交换机 SW3 上配置 OSPF 的操作命令组：

```
SW3#config t
SW3(config)#route ospf 100
SW3(config-router)#network 172.16.1.0 0.0.0.255 area 0
SW3(config-router)#network 192.168.10.0 0.0.0.255 area 0
SW3(config-router)#network 192.168.20.0 0.0.0.255 area 0
SW3(config-router)#end
SW3#show ip route                                              //查看 SW3 的路由表
Codes：C-connected, S-static, R-RIP, B-BGP
       O-OSPF, IA-OSPF inter area
       N1-OSPF NSSA external type 1, N2-OSPF NSSA external type 2
       E1-OSPF external type 1, E2-OSPF external type 2
       i-IS-IS, su-IS-IS summary, L1-IS-IS level-1, L2-IS-IS level-2
       ia-IS-IS inter area, *-candidate default
Gateway of last resort is no set
O    10.10.10.0/24 [110/51] via 172.16.1.2, 00:01:16, FastEthernet 0/1
C    172.16.1.0/24 is directly connected, FastEthernet 0/1
C    172.16.1.1/32 is local host.
C    192.168.10.0/24 is directly connected, FastEthernet 0/2
C    192.168.10.1/32 is local host.
C    192.168.20.0/24 is directly connected, FastEthernet 0/3
C    192.168.20.1/32 is local host.
O    192.168.30.0/24 [110/52] via 172.16.1.2, 00:00:37, FastEthernet 0/1
```

在路由器 R1 上配置 OSPF 的操作命令组：

```
R1#config t
R1(config)#route ospf 100
R1(config-router)#network 10.10.10.0 0.0.0.255 area 0
R1(config-router)#network 172.16.1.0 0.0.0.255 area 0
R1(config-router)#end
R1#show ip route                                               //查看 R1 的路由表
Codes：C-connected, S-static, R-RIP, B-BGP
```

```
        O-OSPF, IA-OSPF inter area
        N1-OSPF NSSA external type 1, N2-OSPF NSSA external type 2
        E1-OSPF external type 1, E2-OSPF external type 2
        i-IS-IS, su-IS-IS summary, L1-IS-IS level-1, L2-IS-IS level-2
        ia-IS-IS inter area, *-candidate default
Gateway of last resort is no set
C10.10.10.0/24 is directly connected, Serial 3/0
C10.10.10.1/32 is local host.
C       172.16.1.0/24 is directly connected, FastEthernet 0/1
C       172.16.1.2/32 is local host.
O       192.168.10.0/24 [110/2] via 172.16.1.1, 00:01:22, FastEthernet 0/1
O       192.168.20.0/24 [110/2] via 172.16.1.1, 00:01:22, FastEthernet 0/1
O       192.168.30.0/24 [110/51] via 10.10.10.2, 00:00:38, Serial 3/0
```

在路由器 R2 上配置 OSPF 的操作命令组：

```
R2#config t
R2(config)#route ospf 100
R2(config-router)#network10.10.10.0 0.0.0.255 area 0
R2(config-router)#network 192.168.30.0 0.0.0.255 area 0
R2(config-router)#end
R2#show ip route                                                        //查看 R2 的路由表
Codes: C-connected, S-static, R-RIP, B-BGP
        O-OSPF, IA-OSPF inter area
        N1-OSPF NSSA external type 1, N2-OSPF NSSA external type 2
        E1-OSPF external type 1, E2-OSPF external type 2
        i-IS-IS, su-IS-IS summary, L1-IS-IS level-1, L2-IS-IS level-2
        ia-IS-IS inter area, *-candidate default
Gateway of last resort is no set
C       10.10.10.0/24 is directly connected, Serial 3/0
C       10.10.10.2/32 is local host.
O       172.16.1.0/24 [110/51] via 10.10.10.1, 00:00:45, Serial 3/0
O       192.168.10.0/24 [110/52] via 10.10.10.1, 00:00:45, Serial 3/0
O       192.168.20.0/24 [110/52] via 10.10.10.1, 00:00:45, Serial 3/0
C       192.168.30.0/24 is directly connected, FastEthernet 0/1
C       192.168.30.1/32 is local host.
```

步骤 3 在三层交换机上配置扩展 IP 访问控制列表。

```
SW3#config t
SW3(config)#access-list 100 deny tcp 192.168.20.0 0.0.0.255 host 192.168.30.254 eq www
            //定义扩展 IP 访问控制列表的一条规则,拒绝员工部门的计算机访问服务器上的 WWW 服务
SW3(config)#access-list 100 permit ip any any
            //定义扩展 IP 访问控制列表的一条规则,允许其他所有网络数据通过
SW3(config)#end
```

项目八　配置访问控制列表实现安全访问

```
SW3#show access-lists                                    //查看访问控制列表
ip access-list extended 100
10deny tcp 192.168.10.0 0.0.0.255 host 192.168.30.254 eq www
20 permit ip any any
```

步骤 4　把访问控制列表应用到交换机的某个接口。

```
SW3#config t
SW3(config)# interface fastEthernet 0/3                  //选择三层交换机的端口 F0/3
SW3(config-if)# ip access-group 100 in
```
　　　　　　　　　　　　　　　　//将扩展 IP 访问控制列表应用到三层交换机的端口 F0/3 上

　　补充说明：由于扩展 IP 访问控制列表可以检测源地址、目的地址、协议号、源端口、目的端口，从而实现精确的过滤，因此一般都与靠近源网段的网络接口建立关联。这样可以避免不必要的通信数据在网络中传播，以节约宝贵的网络带宽资源。

步骤 5　在某一台计算机上配置 WEB、FTP 服务。

配置如图 8.9 和图 8.10 所示。

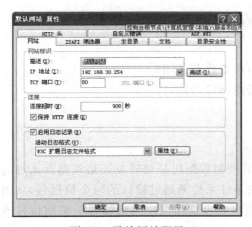 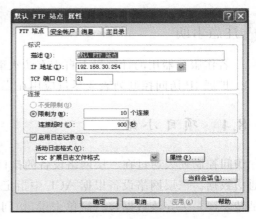

图 8.9　默认网站配置　　　　　　　　图 8.10　默认 FTP 站点配置

步骤 6　在经理部计算机 PC1 和员工部计算机 PC2 上进行测试。

分别在经理部门的 PC1 和员工部门 PC2 上访问 WWW 服务器和 FTP 服务器。如图 8.11 和图 8.12 所示。员工部门 PC2 不能访问 WWW 服务，但可以访问 FTP 服务。

图 8.11　员工部 PC2 不能访问 WWW 服务器　　图 8.12　员工部 PC2 可以访问 FTP 服务器

123

如图 8.13 与图 8.14 所示,经理部门的计算机 PC1 既可以访问 WWW 服务器,也可以访问 FTP 服务器。

图 8.13　经理部 PC1 可以访问 WWW 服务器　　图 8.14　经理部 PC1 可以访问 FTP 服务器

注意事项

1. 若作服务器用的计算机上自带有防火墙,则要将其关闭;
2. 扩展 IP 访问控制列表要尽量应用在靠近源网段的端口。

8.4　项目小结

访问控制列表通过在三层网络设备的接口处控制数据包是被转发还是被抛弃来过滤网络通信数据。三层网络设备根据 ACL 中指定的条件来检测通过接口的每个数据包,从而决定是转发还是丢弃该数据包。简单来说,访问控制列表是在三层网络设备上采用包过滤技术。在设置访问控制列表规则时,需要注意在 ACL 中默认规则是拒绝所有数据包通过。

标准 IP 访问控制列表只能依据数据包的源地址信息进行过滤。扩展 IP 访问控制列表可以依据源地址、目的地址、协议、源端口号、目的端口号进行过滤,也就是可以对应用层和 IP 层的网络数据进行过滤。在应用标准 IP 访问控制列表时,需要将其放置在靠近目标的位置,这样可以避免合法的通信数据也被标准 IP 访问控制列表过滤掉。在应用扩展 IP 访问控制列表时,因为扩展 IP 访问控制列表可以实现更精确的过滤,所以可以将其放置在靠近源端的位置,这样可以避免不必要的通信数据在网络中传输。此外,我们在配置 ACL 规则时,需要将更精确、更具体的规则放置在其他规则的前面,可以避免更具体的规则被相对粗略的规则所覆盖。

8.5　理解与实训

选择题

1. 标准 IP 访问控制编号范围是(　　)?

A. 1～99　　　　　　　　　　　　B. 100～199
C. 200～299　　　　　　　　　　　D. 300～399

2.创建 IP 访问控制列表是在下列哪种模式下？（　　）

A. 全局配置模式　　　　　　　　　B. 用户模式
C. 特权模式　　　　　　　　　　　D. 端口模式

3.扩展 IP 访问控制列表的编号范围为（　　），可以处理更多的匹配项。

A. 1～99　　　　　　　　　　　　B. 100～199
C. 200～299　　　　　　　　　　　D. 300～399

4. Router(config)#access-list 101 permit ip any any 中的第二个"any"代表什么意思？（　　）

A. 任何源地址　　　　　　　　　　B. 指定的源地址
C. 任何目的地址　　　　　　　　　D. 指定的目的地址

5.路由器如何验证接口的 ACL 应用？（　　）

A. show ip　　　　　　　　　　　B. show access-list
C. show int　　　　　　　　　　 D. show ip int

填空题

1.访问控制列表最基本的功能是_____。
2.标准 IP 访问控制列表的过滤条件是_____。
3.扩展 IP 访问控制列表的过滤条件是_____。
4._____操作才可以让访问控制列表真正生效。
5.一般情况下,标准 IP 访问控制列表应用在_____端口做_____操作,扩展访问控制列表应用在_____端口做_____操作。

问答题

1.简述什么是访问控制列表？
2.简述标准 IP 访问控制列表与扩展 IP 访问控制列表的区别？
3.ACL 隐含的语句是什么？

实训任务

任务 1：若某个学校的校园网现有教师部门、学生机房以及存放资料的文件服务的网管中心三个部门网络,它们分别使用三个不同网段。为了安全起见,要求学生机房电脑不能对文件服务器进行访问,但是教师部门的计算机可以访问文件服务器。校园网的拓扑结构如图 8.15 所示。其中,PC1 代表教师部门的主机,PC2 代表学生机房的主机、Server 代表存放资料的文件服务器。PC1 的 IP 地址为 192.168.10.10/24,PC2 的 IP 地址为 192.168.20.20/24,Server 的 IP 地址为 192.168.30.30/24。

R1 的 F0/0 口 IP 地址为 192.168.10.1/24,R1 的 F0/1 口 IP 地址为 192.168.30.1/24,R1 的 S3/0 口 IP 地址为 192.168.100.1/24。

R2 的 S3/0 口 IP 地址为 192.168.100.2/24，R2 的 F0/0 口 IP 地址为 192.168.20.1/24，其中 R1 的 S3/0 为 DCE 端。

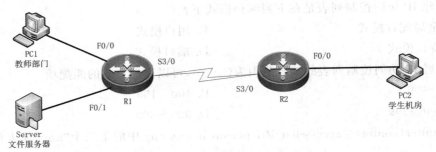

图 8.15　标准 IP 访问控制列表实训用网络拓扑

假设你是这个学校的网络管理员，要求你在路由器上使用标准 IP 访问控制列表的方法来实现所要求的网络访问功能。

任务 2：假设某个学校的校园网现有教师部门、学生机房以及提供 FTP、WWW 服务的网管中心三个部门网络，它们分别使用三个不同网段。校园网的拓扑结构如图 8.16 所示。图中 PC1 代表教师部门的主机，PC2 代表学生机房的主机。PC1 的 IP 地址为 192.168.10.10/24，PC2 的 IP 地址为 192.168.20.20/24，服务器的 IP 地址为 192.168.30.30/24。R1 的 F0/0 口 IP 地址为 192.168.10.1/24，R1 的 F0/1 口 IP 地址为 192.168.20.1/24，R1 的 S3/0 口 IP 地址为 192.168.100.1/24。R2 的 S3/0 口 IP 地址为 192.168.100.2/24，R2 的 F0/0 口 IP 地址为 192.168.30.1/24，其中 R1 的 S3/0 为 DCE 端。

为了控制学生上网，要求学生机房电脑不能对 WWW 服务器进行访问，只能访问 FTP 服务器，同时不允许学生机房电脑对服务器进行 ping 应用。现在，假设你是这个学校的网络管理员，要求你在路由器上通过使用扩展访问控制列表的方法来实现这些控制的要求。

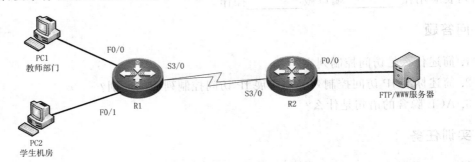

图 8.16　扩展 IP 访问控制列表实训用网络拓扑

项目九

网络设备中网络地址转换功能的配置

教学目标

1. 了解 NAT 的基本概念、术语和特点；
2. 理解 NAT 工作过程；
3. 掌握 NAT 基本配置方法；
4. 理解 PAT 工作过程；
5. 掌握 PAT 基本配置方法；
6. 掌握 NAT 与 PAT 综合配置方法。

9.1 项目内容

某公司有员工部、行政部和网管中心三个部门。这三个部门用一台三层交换机连接成公司的局域网，并利用 VLAN 技术划分成三个不同的 VLAN 子网。网管中心部署有公司内网的 WEB 服务器。公司内部局域网通过一台路由器与外部 Internet 网相连接。公司已申请到了一个公网 IP 地址。为了对外宣传公司的产品，产品需通过公司内网服务器发布到 Internet 上，使 Internet 上的用户都可以访问公司网站。同时公司内部的计算机都可以访问 Internet 上的资源。本项目通过在路由器上配置网络地址转换功能，以静态转换方式实现公司内网服务器的对外发布，同时配置端口的多路复用实现内网用户访问外部 Internet 网。

9.2 相关知识

为了实现将内网服务器发布到外部 Internet 网上，同时内网计算机也可以访问 Internet 这样的功能，必须使用 NAT 技术。为此，需要先了解 NAT 概念、NAT 工作过程与基本术语、NAT 实现方式、NAT 特点、NAT 基本配置命令、PAT 工作过程及 PAT 的配置命令等知识。

9.2.1 NAT 的概念

随着接入 Internet 的计算机数量的不断增加,公网 IP 地址资源也就愈加显得捉襟见肘。事实上,除了中国教育和科研计算机网(CERNET)外,一般用户几乎申请不到整段的 C 类公网 IP 地址。在其他 ISP 那里,即使是拥有几百台计算机的大型局域网用户,当他们申请公网 IP 地址时,所分配到的地址也不过只有几个或十几个 IP 地址。显然,这样少的公网 IP 地址已根本无法满足广大计算机用户上网的需求,只能大量地使用私有 IP 地址来组建内部局域网。这些内网用户上网需要大量的公网 IP 地址,但公网 IP 地址却十分匮乏,于是就产生了网络地址转换(NAT)技术。

网络地址转换概念与基本术语

网络地址转换(Network Address Translation,NAT)是一种将大量的私有 IP 地址转化为少量的公有 IP 地址的技术,它被广泛应用于各种类型的 Internet 接入。NAT 技术不仅缓解了公网 IP 地址不足的问题,而且还能够隐藏并保护网络内部的计算机,有效地避免来自网络外部的攻击。

私有 IP 地址是指内部网络或主机的 IP 地址,公有 IP 地址是指在因特网上全球唯一的 IP 地址。RFC 1918 为私有网络预留出了三类 IP 地址块,如下:

- A 类:10.0.0.0～10.255.255.255
- B 类:172.16.0.0～172.31.255.255
- C 类:192.168.0.0～192.168.255.255

上述三个范围内的地址不会在因特网上被分配,因此可以不必向 ISP 或注册中心申请,可以在公司或企业内部自由使用。

NAT 将自动修改 IP 报文的源 IP 地址和目的 IP 地址。IP 地址校验则在 NAT 处理过程中自动完成。有些应用程序将源 IP 地址嵌入到 IP 报文的数据部分中,所以还需要同时对报文进行修改,以匹配 IP 头中已经修改过的源 IP 地址。否则,在报文数据部分嵌入了 IP 地址后,有些应用程序就不能正常工作了。

9.2.2 NAT 工作过程与基本术语

虽然 NAT 可以借助于某些代理服务器来实现,但考虑到运算成本和网络性能,很多时候都是在路由器上实现的。下面以一个在路由器上实现的基本 NAT 的工作过程为例来说明 NAT 工作过程与一些术语。

(1) NAT 路由器处于内部网络和外部网络的连接处,如图 9.1 所示。

(2) 当局域网内部 PC(192.168.10.10)向外部服务器(220.136.10.28)发送一个数据包时,数据包将通过 NAT 路由器。

(3) NAT 路由器查看报头内容,发现该数据包是发往外网的,那么它将数据包中源地址字段的私有地址(192.168.10.10)转换成一个公有地址(64.172.92.10),并将该数据包发送到外部服务器,同时在 NAT 路由器的网络地址转换表中记录这一映射。

(4) 外部服务器收到 PC 发送的数据包,给 PC 应答时的目的地址为 64.172.92.10,到达 NAT 路由器后,NAT 路由器再次查看报头内容,将目的地址转换成 PC 机的 IP 地址 192.168.10.10。

NAT 对于地址转换中的终端设备是透明的,PC 机只知道自己的 IP 地址为 192.168.10.10,而不知道 64.172.92.10。服务器只知道 PC 的 IP 地址为 64.172.92.10,而不知道 192.168.10.10。由此可见,NAT 隐藏了内部的私有网络。

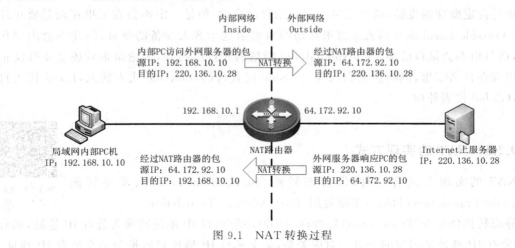

图 9.1 NAT 转换过程

NAT 路由器将转换的映射记录在 NAT 转换表中。NAT 转换表中有四种地址,它们是内部本地地址(Inside Local Address),内部全局地址(Inside Global Address),外部本地地址(Outside Local Address),外部全局地址(Outside Global Address)。

(1) 内部本地地址(Inside Local Address):在内部网络中分配给主机的私有 IP 地址。这个地址通常是私有地址。

(2) 内部全局地址(Inside Global Address):一个合法的 IP 地址,用来代替一个或多个私有 IP 地址的公有地址,在因特网上是唯一的。一般由互联网服务提供商(ISP)提供。

(3) 外部本地地址(Outside Local Address):外部主机表现在内部网络的 IP 地址。这一个地址是从内部可寻址的地址空间中分配的。

(4) 外部全局地址(Outside Global Address):由其所有者给外部网络上的主机分配的 IP 地址。

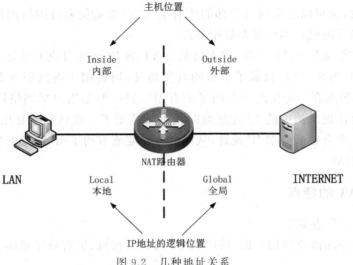

图 9.2 几种地址关系

这里通过一个例子来说明四种地址之间的关系。

Inside Local 就是自己在家里活动时穿的拖鞋,这个拖鞋就相当于内部私有 IP 地址,可以看出来这种鞋不会穿在别人脚上,而且不会在家里以外的地方去穿。Inside Global 就是自己上班时肯定要穿的皮鞋,这个皮鞋一定是给自己穿的,但是一定不会在家里穿而是要在外面穿。Outside Local 就是别人来家里拜访的时候给这个客人准备的拖鞋,因此不会出现在外面,而且也不会是自己穿。Outside Global 则是别人自己的鞋,无论是拖鞋还是皮鞋反正不会出现在自己家里,也不会是自己穿。Inside 代表自己,Outside 代表别人,Local 代表自己家,Global 代表外面。

9.2.3 NAT 的实现方式

NAT 实现方式与特点

NAT 的实现方式有三种,即静态转换(Static Translation)、动态转换(Dynamic Translation)和端口多路复用(Port Address Translation)。

静态转换(Static Translation)是指将内部网络的私有 IP 地址转换为公有 IP 地址,私有 IP 和公有 IP 地址是固定的一对一对应关系,某个私有 IP 地址只转换为某个公有 IP 地址。借助于静态转换,可以实现外部网络对内部网络中某些特定设备(如服务器)的访问。

动态转换(Dynamic Translation)是指将内部网络的私有 IP 地址转换为公有 IP 地址时,IP 地址是不确定的,是随机的,所有被授权访问的私有 IP 地址可随机转换为任何指定的合法 IP 地址。也就是说,只要指定哪些内部地址可以进行转换,以及用哪些合法地址作为外部地址时,就可以进行动态转换。动态转换可以使用多个合法外部地址集。当 ISP 提供的合法 IP 地址略少于网络内部的计算机数量时,可以采用动态转换的方式。但是动态转换也是一对一转换,所有内部网络同时访问因特网的主机数要小于配置的合法地址池中的 IP 地址数,才可以使用动态转换。

端口多路复用(Port Address Translation,PAT),或称为 NAPT,是指改变外出数据包的源地址和源端口并进行端口转换,即端口地址转换。采用端口多路复用方式,内部网络的所有主机均可共享一个合法外部 IP 地址实现对因特网的访问,从而可以最大限度地节约 IP 地址资源。同时,又可以隐藏网络内部的所有主机,有效避免来自因特网的攻击。因此,目前网络中应用最多的就是端口多路复用方式。

通过 NAT 实现方式可以看出,静态转换 NAT 的 IP 地址对应关系是一对一不变的,并没有节约公有 IP 地址,只是隐藏了主机的真实地址,通常用于内网服务器发布到因特网。动态转换 NAT 虽然在一定情况下节约了公有 IP 地址,但是当内部网络同时访问 Internet 的主机数大于合法地址池中的 IP 地址数时就不太适用了。端口多路复用可以使所有内部网络主机共享一个合法的外部 IP 地址,从而最大限度地节约了 IP 地址资源,对内部的私有 IP 地址数没有限制。

9.2.4 NAT 的特点

使用 NAT 的优点如下:

(1) 对于小型的商业机构来说,使用 NAT 可以更便宜、更有效率地接入 Internet。

（2）使用 NAT 可以节约宝贵的公有 IP 地址，缓解目前全球公有 IP 地址不足的问题。

（3）因为内部 IP 地址不公开，可以保护内部网络的私密性。

（4）使用 NAT 可以方便网络的管理，并大大提高网络的适应性。

当然，NAT 也不是没有缺点。用于地址转换的处理过程会带来功能和性能上的一些损失，特别是在 IP 报文承担的数据中包含发送 IP 地址信息的情况下，NAT 的典型缺点如下：

（1）NAT 会使延迟增大，因为要转换每个数据包报头中的 IP 地址，自然会增加包转发延迟。

（2）NAT 可能会使某些需要使用内嵌 IP 地址的应用不能正常工作，因为它隐藏了端到端的 IP 地址。

9.2.5 NAT 基本配置命令

NAT 基本配置命令与示例

配置 NAT 功能的路由器需要有一个内部（Inside）接口和一个外部（Outside）接口。内部接口连接的网络用户使用的是内部 IP 地址，外部接口连接的是外部网络，如因特网。要使 NAT 发挥作用，必须在这两个接口上启用 NAT。

1. 指定连接内部网络端口并配置内网 IP 地址

① Router(config)# interface type number　　　　//选择端口，进入接口配置模式下
② Router(config-if)# ip address ip-address netmask　　//给端口配置 IP 地址和子网掩码
③ Router(config-if)# ip nat inside　　　　　　//设置端口属性为内部端口

2. 指定连接外部网络端口并配置公网 IP 地址

① Router(config)# interface type number　　　　//选择端口，进入端口配置模式下
② Router(config-if)# ip address ip-address netmask　　//给端口配置公网 IP 地址和子网掩码
③ Router(config-if)# ip nat outside　　　　　　//设置端口属性为外部端口

3. 在内部局部地址和内部全局地址之间建立静态转换

① Router(config)# ip nat inside source static *local-ip global-ip*

//参数"inside"表示从 inside 口进入的数据包，将源地址（source）进行静态转换。"local-ip"表示内部局部地址，"global-ip"表示内部全局地址

4. 显示当前系统中已存在的转换表条目

Router# show ip nat translations　　　　　　　//查看已配置好的 NAT 表的转换条目。

5. 清除 NAT 转换表中所有条目

Router# clear ip nat translation *　　　　　　//清除 NAT 转换表中所有的条目

操作示例：在如图 9.3 所示的网络中，假设公司内部网络有一台 WEB 服务器用于发布公司网页，WEB 服务器的 IP 地址为 192.168.10.254，公司利用路由器接入 Internet，公司申请的公网 IP 地址为 200.200.200.1/30，通过在局域网路由器 R1 上配置实现 Internet 上的计算机能够访问到公司发布的网页。

分析：若要使 Internet 上的 PC 机能够访问到公司发布的网页，需要在公司的出口路由器 R1 上做静态 NAT，把 192.168.10.254 静态转换为公司公网 IP 地址 200.200.200.1，Internet 上的 PC 机通过访问 200.200.200.1 就可以打开 192.168.100.254 上的公司网页。

在局域网出口路由器 R1 上的操作命令如下：

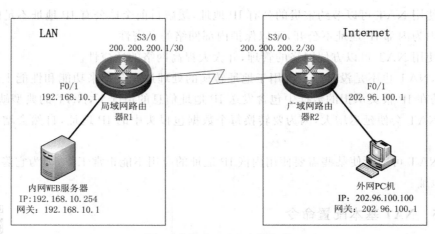

图 9.3　静态 NAT 实例拓扑

Router>enable

Router#config t

Router(config)#hostname R1

R1(config)#interface fastEthernet 0/1

R1(config-if)#ip address 192.168.10.1 255.255.255.0

R1(config-if)#no shutdown

R1(config-if)#ip nat inside　　　　　　　　　　　　　　　　　　　//指定 F0/1 为内部接口

R1(config-if)#exit

R1(config)#int serial 3/0

R1(config-if)#ip address 200.200.200.1 255.255.255.252

R1(config-if)#clock rate 64000

R1(config-if)#no shutdown

R1(config-if)#ip nat outside　　　　　　　　　　　　　　　　　　//指定 S3/0 为外部接口

R1(config-if)#exit

R1(config)#ip nat inside source static 192.168.10.254 200.200.200.1

　　　　　　　　　　　//将内部地址 192.168.10.254 静态转换为 200.200.200.1

R1(config)#ip route 0.0.0.0 0.0.0.0 200.200.200.2

　　//R1 为公司出口路由器,还需要配置一条默认路由,把内网所有的数据包转发给 Internet 上的路由器 R2,这里 IP 地址 200.200.200.2 是 Internet 路由器上与内网路由器 R1 相连端口的 IP 地址

在 Internet 路由器 R2 上的操作命令如下：

Router>enable

Router#config t

Router(config)#hostname R2

R2(config)#interface fastEthernet 0/1

R2(config-if)#ip address 202.96.100.1 255.255.255.0

R2(config-if)#no shutdown

R2(config-if)#exit

R2(config)#int serial 3/0

R2(config-if)#ip address 200.200.200.2 255.255.255.252
R2(config-if)#no shut
R2(config-if)#end

测试的相关操作：

配置 WEB 服务器中 IP 地址、网关和需要发布的网页；

配置外网 PC 机的 IP 地址和网关。

外网 PC 机通过在浏览器上输入 http：//200.200.200.1 就可以打开 WEB 服务器上发布的网页。

在内网出口路由器 R1 上查看 NAT 当前存在的静态转换：

R1#show ip nat translations
Pro   Inside global   Inside local   Outside local   Outside global
———   200.200.200.1   192.168.10.254   ———   ———
tcp   200.200.200.1：80   192.168.10.254：80   202.96.100.100：1025   202.96.100.100：1025

9.2.6 NAPT 的概念与工作过程

NAPT 概念与工作过程

NAPT(Network Address Port Translation)，即网络端口地址转换，是人们比较熟悉的一种转换方式，将多个内部地址映射为一个合法公网地址，但以不同的协议端口号与不同的内部地址相对应，也就是＜内部地址＋内部端口＞与＜外部地址＋外部端口＞之间的转换。NAPT 普遍用于接入设备中，它可以将中小型的网络隐藏在一个合法的 IP 地址后面。NAPT 也被称为"多对一"的 NAT，或者叫 PAT(Port Address Translations，端口地址转换)。

NAPT 与动态地址 NAT 不同，它将内部连接映射到外部网络中的一个单独的 IP 地址上，同时在该地址上加上一个由 NAT 设备选定的 TCP 端口号。NAPT 的主要优势在于能够使用一个全球有效 IP 地址获得通用性，主要缺点在于其通信仅限于 TCP 或 UDP 时。当所有通信都采用 TCP 或 UDP，NAPT 允许一台内部计算机访问多台外部计算机，并允许多台内部主机访问同一台外部计算机，相互之间不会发生冲突。

NAPT 的工作过程如图 9.4 所示，具体如下：

(1) 局域网内部主机 PC1 要访问 Internet 上的 WWW 服务器，首先要建立 TCP 连接，假设分配的 TCP 端口号为 2000。PC1 将发送一个 IP 数据包(源 IP：192.168.10.10：2000，目的 IP：220.136.10.28：80)。

(2) NAT 路由器查看报头内容，发现该 IP 数据包是发往外网的，NAT 路由器会将 IP 包的源 IP 转换为 NAT 的公共地址的 IP，同时将源端口转换为 NAT 动态分配的 1 个端口。然后，转发到公共网。此时 IP 包(源 IP：64.172.92.10：2000，目的 IP：220.136.10.28：80)已经不含任何私有网 IP 和端口的信息。NAT 路由器将该数据包发送到外部服务器，同时在 NAT 路由器的网络地址转换表中记录这一映射。

(3) 由于 IP 包的源 IP 和端口已经被转换成 NAT 路由器的公共 IP 和端口，Internet 上的 WWW 服务器将响应的 IP 包(源 IP：220.136.10.28：80，目的 IP：64.172.92.10：1386)发送到 NAT 路由器。

（4）NAT 路由器会将 IP 包的目的 IP 转换成私有网主机的 IP，同时将目的端口转换为内部主机的端口，然后将 IP 包（源 IP：220.136.10.28：80，目的 IP：192.168.10.10：2000）转发到内部主机 PC1。

（5）若局域网内部另外一台主机 PC2 也要访问 Internet 上的 WWW 服务器，首先要建立 TCP 连接，假设分配的 TCP 端口号为 1386。PC2 将发送一个 IP 数据包（源 IP：192.168.10.20：1386，目的 IP：220.136.10.28：80）。

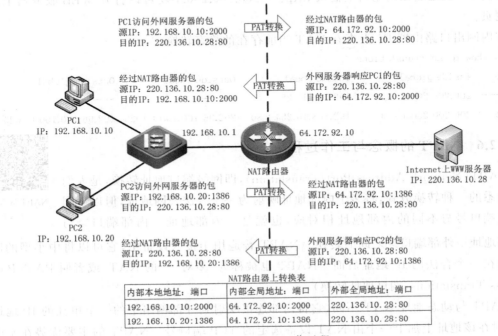

图 9.4　NAPT 工作过程

对于通信双方而言，这种 IP 地址和端口的转换是完全透明的，用户感觉不到 NAT 路由器对数据包报头部分进行的转换。网络地址端口转换实现了内部多台主机使用同一个外部 IP 地址访问外网，能节约大量公网 IP 地址。

9.2.7　NAPT 的基本配置命令

1. 在端口配置模式下，指定与内部网络相连的内部端口

① Router(config)# interface type number　　//选择端口，进入接口配置模式
② Router(config-if)# ip address ip-address netmask　　//给端口设置 IP 地址和子网掩码
③ Router(config-if)# ip nat inside　　//设置端口属性为内部端口

2. 在端口配置模式下，指定与外部网络相连的外部端口

① Router(config)# interface type number　　//选择端口，进入接口配置模式
② Router(config-if)# ip address ip-address netmask　　//给端口设置 IP 地址和子网掩码
③ Router(config-if)# ip nat outside　　//设置端口属性为外部端口

3. 在全局配置模式下，定义一个标准访问控制列表（access-list）规则，以允许哪些内网地址可以进行地址转换

项目九 网络设备中网络地址转换功能的配置

Router(config)#access-list 1—99 permit source source-wildcardmask
　　//定义标准访问控制列表,编号为1～99,参数"source"代表允许转换的源地址,参数"source-wildcardmask"代表源地址的通配符

4. 在全局配置模式下,定义内网全局地址池

Router(config)#ip nat pool *pool-name start-ip end-ip* netmask *netmask*
　　//参数"pool-name"代表地址池的名称,参数"start-ip"代表起始的全局IP地址,参数"end-ip"代表结束的全局IP地址,参数"netmask"代表子网掩码。如果只有一个内网全局IP地址,start-ip和end-ip可以为同一个IP地址

5. 在全局配置模式下,设置在内网地址与内网全局地址间建立端口多路复用转换(PAT)

Router(config)# ip nat inside source list *access-list-number* pool *pool-name* overload
　　//参数"access-list-number"为定义的标准访问控制列表的编号;参数"pool-name"为定义的地址池的名称;"overload"表示进行端口多路复用转换(PAT)

6. 显示当前存在的PAT转换表内容

Router#show ip nat translations　　　　　　　　　　　　　　//查看PAT转换表的详细信息

7. 清除PAT转换表中所有条目

Router# clear ip nat translation　　　　　　　　　　　　　　//清零PAT转换表内容

操作示例:某公司的内部网络结构如图9.5所示。其中,有多台计算机需要访问Internet上的WEB服务器。公司申请的公网IP地址为200.200.200.1/30,现在要求在内网路由器上配置PAT功能,以实现公司内部计算机访问Internet。IP地址的规划参数如图9.5中所示。

分析:若要使内部多台PC机能够访问Internet的服务器,需要使用地址转换技术。现在公司只申请到一个公网的IP地址(200.200.200.1/30)。根据公司的实际情况,可以使用端口多路复用(PAT)技术实现内网多台计算机使用同一个IP地址访问Internet。

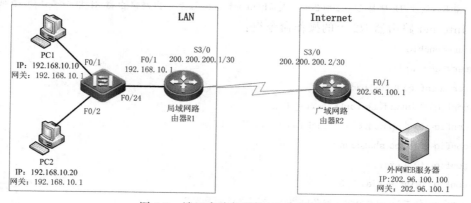

图9.5　端口多路复用PAT实例拓扑

在局域网出口路由器R1上的操作命令组:

Router>enable
Router#config t
Router(config)#hostname R1
R1(config)#interface fastEthernet 0/1
R1(config-if)#ip address 192.168.10.1 255.255.255.0

```
R1(config-if)#no shutdown
R1(config-if)#ip nat inside                                    //指定F0/1为内部接口
R1(config-if)#exit
R1(config)#int serial 3/0
R1(config-if)#ip address 200.200.200.1 255.255.255.252
R1(config-if)#clock rate 64000
R1(config-if)#no shutdown
R1(config-if)#ip nat outside                                   //指定S3/0为外部接口
R1(config-if)#exit
R1(config)#access-list 1 permit 192.168.10.0 0.0.0.255
    //定义标准访问控制列表,指定需要转换的内部网段为192.168.10.0/24,0.0.0.255为通配符,不是
    子网掩码
R1(config)#ip nat pool sxvtc 200.200.200.1 200.200.200.1 netmask 255.255.255.252
    //定义用于转换的全局地址。"sxvtc"为地址池的名称。因为公司只有一个IP地址200.200.200.1/
    30,所以起始地址和结束地址都为200.200.200.1。注意,关键字"netmask"后面写的是子网掩码,
    不是通配符
R1(config)# ip nat inside source list 1 pool sxvtc overload
    //将内部网络192.168.10.0/24通过端口多路复用转换为200.200.200.1。"list 1"代表定义的标准
    访问控制列表,它允许的范围为192.168.10.0/24。"sxvtc"为定义地址池的名称,地址池只有一个
    IP地址为200.200.200.1/30。关键字"overload"一定要写上,表示要进行PAT转换。如果不写的
    话就会变成动态NAT转换
R1(config)# ip route 0.0.0.0  0.0.0.0  200.200.200.2
    //R1为公司出口路由器,还需要配置一条默认路由,把内网所有的数据包转发给Internet上的路由
    器R2,这里IP地址200.200.200.2是Internet路由器上与内网路由器R1相连端口的IP地址
```

在Internet路由器R2上的操作命令组:

```
Router>enable
Router#config t
Router(config)#hostname R2
R2(config)#interface fastEthernet 0/1
R2(config-if)#ip address 202.96.100.1 255.255.255.0
R2(config-if)#no shutdown
R2(config-if)#exit
R2(config)#int serial 3/0
R2(config-if)#ip address 200.200.200.2 255.255.255.252
R2(config-if)#no shut
R2(config-if)#end
```

测试的相关操作:

配置外网WEB服务器IP地址、网关和需要发布的网页;

配置内网PC1和PC2上的IP地址和网关;

内网PC1和PC2通过在浏览器上输入http://202.96.100.100就可以打开外网WEB服务器上发布的网页。

```
R1#show ip nat translations                 //在出口路由器 R1 上查看端口多路复用 PAT 转换情况
Pro    Inside global          Inside local          Outside local         Outside global
tcp    200.200.200.1：1239    192.168.10.10：1239   202.96.100.100：80    202.96.100.100：80
tcp    200.200.200.1：1292    192.168.10.20：1292   202.96.100.100：80    202.96.100.100：80
```

9.3　工作任务示例

网络地址转换功能工作任务示例

假设某公司设置了员工部、行政部和网管中心三个部门。公司局域网的网络拓扑结构如图 9.6 所示。其中，PC1 属于员工部的计算机，连接在三层交换机的端口 F0/1 上，PC2 属于行政部的计算机，连接在三层交换机的端口 F0/2 上，网管中心的内网服务器，连接在三层交换机的端口 F0/3 上。三层交换机上划分了 VLAN，PC1 属于 VLAN 10，PC2 属于 VLAN 20，内网服务器属于 VLAN 30。三层交换机通过端口 F0/24 连接局域网路由器 R1 的端口 F0/1。局域网路由器 R1 与广域网路由器 R2 通过串口 S3/0 进行连接。广域网路由器的端口 F0/0 连接一台外网的 WEB 服务器，端口 F0/1 连接外网的测试计算机 PC3。

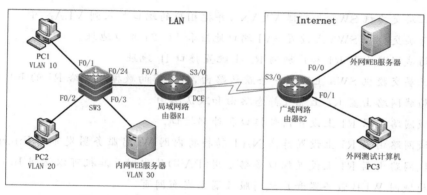

图 9.6　需要配置 NAT 功能的公司局域网络拓扑图

为了对外宣传公司的产品，公司内网服务器需要发布到 Internet 上，使 Internet 上的用户 PC3 可以访问公司网站。同时公司内部的计算机都可以访问外网的 WEB 服务器。目前，公司只申请到了一个公网 IP 地址。公司局域网的 IP 地址规划如表 9.1 所示。现要求配置路由器的 NAT 和 PAT 功能来满足公司对网络应用的要求。

表 9.1　IP 地址规划表

设备名称	IP 地址	子网掩码	网关
局域网路由器 R1 的 F0/1	192.168.100.1	255.255.255.0	
局域网路由器 R1 的 S3/0	220.166.100.1	255.255.255.252	
三层交换机 SW3 的 F0/24	192.168.100.2	255.255.255.0	
SW3 的 SVI VLAN 10	192.168.10.1	255.255.255.0	
SW3 的 SVI VLAN 20	192.168.20.1	255.255.255.0	

续 表

设备名称	IP 地址	子网掩码	网关
SW3 的 SVI VLAN 30	192.168.30.1	255.255.255.0	
广域网路由器 R2 的 F0/0	100.100.100.1	255.255.255.0	
广域网路由器 R2 的 F0/1	200.200.200.1	255.255.255.0	
广域网路由器 R2 的 S3/0	220.166.100.2	255.255.255.252	
局域网计算机 PC1	192.168.10.10	255.255.255.0	192.168.10.1
局域网计算机 PC2	192.168.20.20	255.255.255.0	192.168.20.1
广域网测试计算机 PC3	200.200.200.200	255.255.255.0	200.200.200.1
内网 WEB 服务器	192.168.30.254	255.255.255.0	192.168.30.1
外网 WEB 服务器	100.100.100.100	255.255.255.0	100.100.100.1

任务目标

1. 在三层交换机 SW3 上创建 VLAN，并把相应的端口加入到 VLAN 中。
2. 在三层交换机 SW3 上设置 SVI 端口地址和 F0/24 端口地址。
3. 在局域网路由器 R1 和广域网 R2 上配置接口 IP 地址。
4. 在三层交换机 SW3 上配置一条默认路由，将所有的数据包发给 R1 的 F0/1 接口上。
5. 在局域网路由器 R1 上配置静态路由和默认路由。
6. 局域网路由器 R1 上设置内部接口和外部接口。
7. 局域网路由器 R1 上设置静态 NAT 转换将内网 WEB 服务器发布到 Internet 上。
8. 局域网路由器 R1 上设置端口多路复用（PAT）使内网计算机可以访问 Internet。
9. 在局域网 WEB 服务器和广域网服务器上发布网页。
10. PC1、PC2、PC3、局域网 WEB 服务器、广域网 WEB 服务器上设置 IP 地址和网关。
11. 在内网计算机 PC1 和 PC2 的浏览器中输入 http://100.100.100.100 访问广域网 WEB 服务器，在外网测试计算机 PC3 的浏览器上输入 http://220.166.100.1 访问公司内部局域网的 WEB 服务器。

具体实施步骤

步骤 1 在三层交换机 SW3 上创建 VLAN，并把相应的端口加入到 VLAN 中。

```
Switch>enable
Switch#config t
Switch(config)#hostname SW3
SW3(config)#vlan 10                                              //创建 VLAN 10
SW3(config-vlan)#exit
SW3(config)#vlan 20                                              //创建 VLAN 20
SW3(config-vlan)#exit
```

```
SW3(config)#vlan 30                                        //创建 VLAN 30
SW3(config-vlan)#exit
SW3(config)#int f 0/1
SW3(config-if)#switchport access vlan 10                   //将 F0/1 端口加入到 VLAN 10 中
SW3(config-if)#exit
SW3(config)#int f 0/2
SW3(config-if)#switchport access vlan 20                   //将 F0/2 端口加入到 VLAN 20 中
SW3(config-if)#exit
SW3(config)#int f 0/3
SW3(config-if)#switchport access vlan 30                   //将 F0/3 端口加入到 VLAN 30 中
SW3(config-if)#exit
```

步骤 2 在三层交换机 SW3 上，对各 SVI 设置虚拟接口 IP 地址、对 F0/24 端口设置 IP 地址。

```
SW3(config)#int vlan 10
SW3(config-if)#ip address 192.168.10.1 255.255.255.0       //设置 SVI VLAN 10 的 IP 地址
SW3(config-if)#exit
SW3(config)#int vlan 20
SW3(config-if)#ip address 192.168.20.1 255.255.255.0       //设置 SVI VLAN 20 的 IP 地址
SW3(config-if)#exit
SW3(config)#int vlan30
SW3(config-if)#ip address 192.168.30.1 255.255.255.0       //设置 SVI VLAN 30 的 IP 地址
SW3(config-if)#exit
SW3(config)#int fastEthernet 0/24           //选择三层交换机和路由器相连的 F0/24 的端口
SW3(config-if)#no switchport
                  //关闭交换模式，打开三层端口。交换机三层端口的功能和路由器端口类似
SW3(config-if)#ip address 192.168.100.2 255.255.255.0      //为端口 F0/24 设置 IP 地址
SW3(config-if)#no shut
SW3(config-if)#end
SW3#show ip int b                                //查看三层交换机 IP 地址配置情况
Interface              IP-Address(Pri)      OK?      Status
FastEthernet 0/24      192.168.100.2/24     YES      UP
VLAN 10                192.168.10.1/24      YES      UP
VLAN 20                192.168.20.1/24      YES      UP
VLAN 30                192.168.30.1/24      YES      UP
```

步骤 3 在局域网路由器 R1 和广域网 R2 上设置接口 IP 地址。

在局域网路由器 R1 上的操作命令组：

```
Router>enable
Router#config t
Router(config)#hostname R1
R1(config)#int fastEthernet 0/1              //选择与局域网三层交换机相连的端口 F0/1
R1(config-if)#ip address 192.168.100.1 255.255.255.0   //给端口 F0/1 设置 IP 地址与子网掩码
```

```
R1(config-if)#no shut                                          //开启端口
R1(config-if)#exit
R1(config)#int s 3/0                                           //选择与广域网路由器相连的端口 S3/0
R1(config-if)#ip address 220.166.100.1 255.255.255.252
                                                               //给端口 S3/0 设置 IP 地址与子网掩码
R1(config-if)#clock rate 64000         //R1 的 S3/0 端口为 DCE 端,需要设置时钟频率
R1(config-if)#no shut                                          //开启端口
R1(config-if)#end
R1#show ip int b                                               //查看 R1 上 IP 地址配置情况
Interface              IP-Address(Pri)        OK?        Status
Serial 3/0             220.166.100.1/30       YES        UP
FastEthernet 0/0       no address             YES        DOWN
FastEthernet 0/1       192.168.100.1/24       YES        UP
```

在广域网路由器 R2 上的操作命令组：

```
Router>enable
Router#config t
Router(config)#hostname R2
R2(config)#int s3/0                                            //选择与局域网路由器相连的端口 S3/0
R2(config-if)#ip address 220.166.100.2 255.255.255.252    //给端口 S3/0 设置 IP 地址与子网掩码
R2(config-if)#no shut                                          //开启端口
R2(config-if)#exit
R2(config)#int f 0/0                                           //选择与广域网 WEB 服务器相连的端口 F0/0
R2(config-if)#ip address 100.100.100.1 255.255.255.0      //给端口 F0/0 设置 IP 地址与子网掩码
R2(config-if)#no shut                                          //开启端口
R2(config-if)#exit
R2(config)#int f 0/1                                           //选择与外网测试计算机相连的端口 F0/1
R2(config-if)#ip address 200.200.200.1 255.255.255.0      //给端口 F0/1 设置 IP 地址与子网掩码
R2(config-if)#no shut                                          //开启端口
R2(config-if)#end
R2#show ip int b                                               //查看 R2 上 IP 地址配置情况
Interface              IP-Address(Pri)        OK?        Status
Serial 3/0             220.166.100.2/30       YES        UP
Serial 4/0             no address             YES        DOWN
FastEthernet 0/0       100.100.100.1/24       YES        UP
FastEthernet 0/1       200.200.200.1/24       YES        UP
```

步骤 4 在三层交换机 SW3 上设置一条默认路由,将所有的数据包转发到 R1 的 F0/1 接口。

```
SW3#config t
SW3(config)#ip route 0.0.0.0 0.0.0.0 192.168.100.1
SW3(config)#exit
SW3#show ip route                                              //查看 SW3 的路由表
```

```
Codes: C-connected, S-static, R-RIP B-BGP
       O-OSPF, IA-OSPF inter area
       N1-OSPF NSSA external type 1, N2-OSPF NSSA external type 2
       E1-OSPF external type 1, E2-OSPF external type 2
       i-IS-IS, su-IS-IS summary, L1-IS-IS level-1, L2-IS-IS level-2
       ia-IS-IS inter area, *-candidate default
Gateway of last resort is 192.168.100.1 to network 0.0.0.0
S * 0.0.0.0/0 [1/0] via 192.168.100.1          //路由表中已经有这条设置的默认路由
C   192.168.10.0/24 is directly connected, VLAN 10
C   192.168.10.1/32 is local host.
C   192.168.20.0/24 is directly connected, VLAN 20
C   192.168.20.1/32 is local host.
C   192.168.30.0/24 is directly connected, VLAN 30
C   192.168.30.1/32 is local host.
C   192.168.100.0/24 is directly connected, FastEthernet 0/24
C   192.168.100.2/32 is local host.
```

步骤 5 在局域网路由器 R1 上设置静态路由和默认路由。

分析：路由器 R1 到达局域网内部 192.168.10.0/24、192.168.20.0/24、192.168.30.0/24 的数据包需要通过三层交换机 F0/24 端口（192.168.100.2）处理；路由器到达其他网络的数据包默认都发给广域网路由器 R2 的 S3/0 端口去处理。所以需要设置静态路由和默认路由。

```
R1#config t
R1(config)#ip route 192.168.10.0 255.255.255.0 192.168.100.2
R1(config)#ip route 192.168.20.0 255.255.255.0 192.168.100.2
R1(config)#ip route 192.168.30.0 255.255.255.0 192.168.100.2
R1(config)#ip route 0.0.0.0 0.0.0.0 220.166.100.2
R1#show ip route                                //查看 R1 的路由表
Codes: C-connected, S-static, R-RIP, B-BGP
       O-OSPF, IA-OSPF inter area
       N1-OSPF NSSA external type 1, N2-OSPF NSSA external type 2
       E1-OSPF external type 1, E2-OSPF external type 2
       i-IS-IS, su-IS-IS summary, L1-IS-IS level-1, L2-IS-IS level-2
       ia-IS-IS inter area, *-candidate default
Gateway of last resort is 220.166.100.2 to network 0.0.0.0
S * 0.0.0.0/0 [1/0] via 220.166.100.2           //路由表中有到外部网络默认路由
S   192.168.10.0/24 [1/0] via 192.168.100.2     //路由表中有了到内部网络的 3 条静态路由
S   192.168.20.0/24 [1/0] via 192.168.100.2
S   192.168.30.0/24 [1/0] via 192.168.100.2
C   192.168.100.0/24 is directly connected, FastEthernet 0/1
C   192.168.100.1/32 is local host.
C   220.166.100.0/30 is directly connected, Serial 3/0
```

C   220.166.100.1/32 is local host.

步骤 6　在局域网路由器 R1 上设置内部接口和外部接口。

R1#config t
R1(config)#int fastEthernet 0/1
R1(config-if)#ip nat inside   //指定 R1 的 F0/1 接口为内部接口
R1(config-if)#exit
R1(config)#ints 3/0
R1(config-if)#ip nat outside   //指定 R1 的 S3/0 接口为外部接口
R1(config-if)#exit

步骤 7　在局域网路由器 R1 上设置静态 NAT 转换将内网 WEB 服务器发布到 Internet 上。

R1(config)# ip nat inside source static 192.168.30.254 220.166.100.1
            //将内网 WEB 服务器的 IP 地址 192.168.30.254 转换为公司申请到的公网 IP220.166.100.1

步骤 8　在局域网路由器 R1 上设置端口多路复用(PAT)使内网计算机可以访问 Internet。

分析：因为公司内部计算机属于两个不同网段，所以在定义访问控制列表时要把允许的这两个网段都要定义出来。由于公司只申请到了一个公网 IP 地址，地址池中的起止 IP 地址都是 220.166.100.1。

R1(config)#access-list 1 permit 192.168.10.0 0.0.0.255
R1(config)#access-list 1 permit 192.168.20.0 0.0.0.255
R1(config)# ip nat pool sxvtc 220.166.100.1 220.166.100.1 netmask 255.255.255.252
R1(config)# ip nat inside source list 1 pool sxvtc overload

步骤 9　在局域网 WEB 服务器和广域网服务器上发布网页。

设置如图 9.7 和图 9.8 所示。

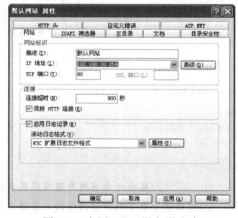
图 9.7　内网 WEB 服务器发布

图 9.8　外网 WEB 服务器发布

步骤 10　在内网计算机 PC1、PC2、PC3、内网 WEB 服务器、外网 WEB 服务器上设置 IP 地址和网关。

设置如图 9.9 至图 9.13 所示。

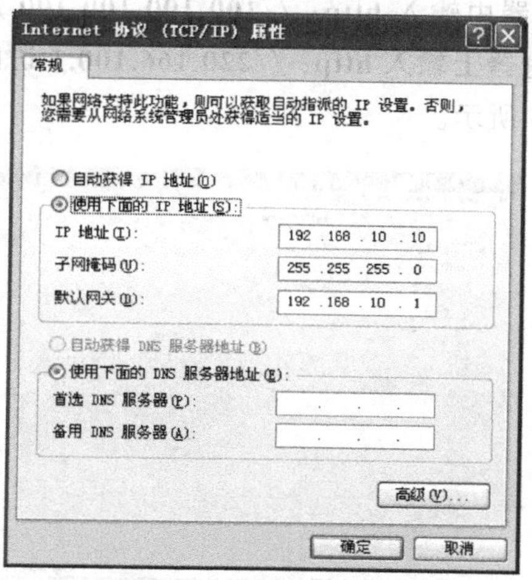

图 9.9　PC1 配置 IP 地址

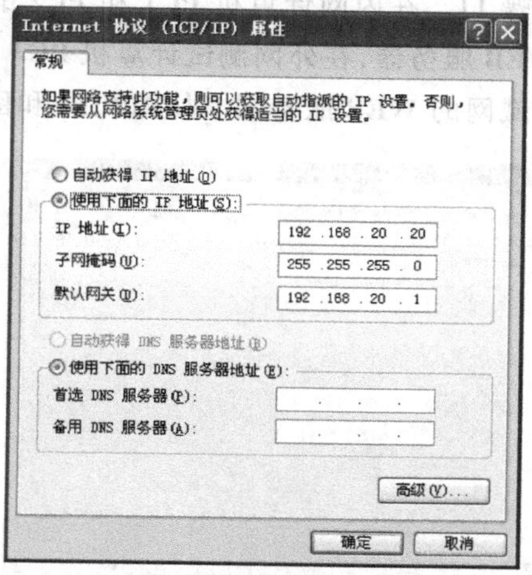

图 9.10　PC2 配置 IP 地址

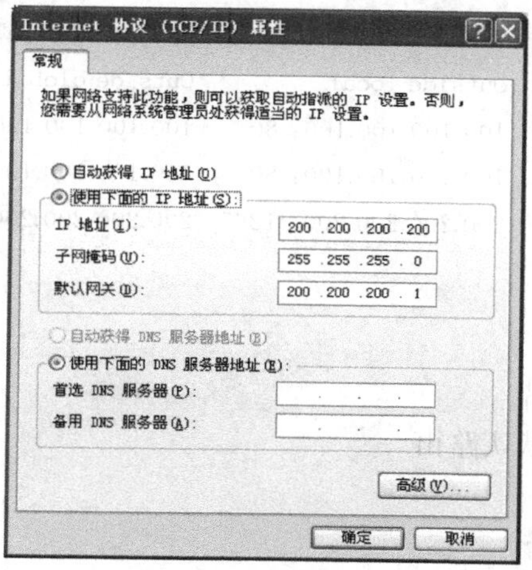

图 9.11　PC3 配置 IP 地址

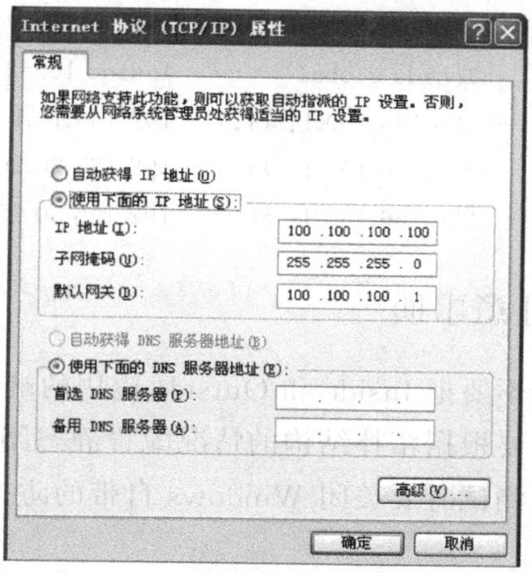

图 9.12　内网 WEB 服务器配置 IP 地址

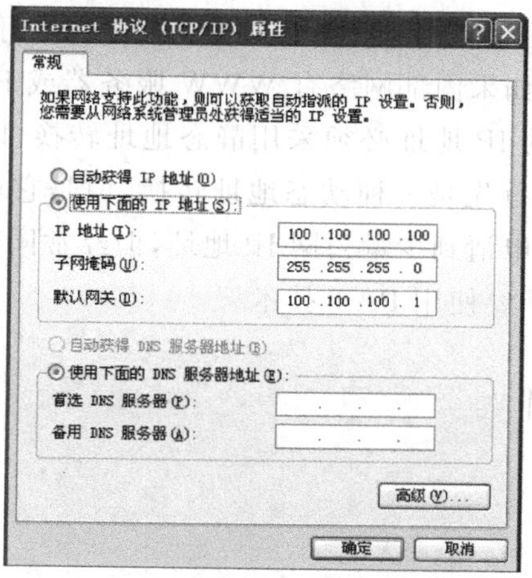

图 9.13　外网 WEB 服务器配置 IP 地址

步骤 11　在内网计算机 PC1 和 PC2 的浏览器中输入 http://100.100.100.100 访问广域网 WEB 服务器，在外网测试计算机 PC3 的浏览器上输入 http://220.166.100.1 访问公司内部局域网的 WEB 服务器。如图 9.14 和图 9.15 所示。

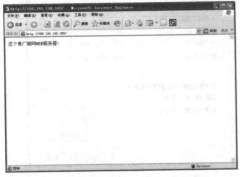

图 9.14　PC1 和 PC2 访问广域网 WEB 服务器

图 9.15　PC3 访问局域网 WEB 服务器

```
R1#show ip nat translations                              //路由器 R1 上查看 NAT 转换表
Pro     Inside global       Inside local         Outside local         Outside global
tcp     220.166.100.1:1424  192.168.10.10:1424   100.100.100.100:80    100.100.100.100:80
tcp     220.166.100.1:1479  192.168.20.20:1479   100.100.100.100:80    100.100.100.100:80
tcp     220.166.100.1:80    192.168.30.254:80    200.200.200.200:1267  200.200.200.200:1267
```

注意事项

1. 不要把 Inside 和 Outside 应用的端口弄错。
2. 要根据拓扑结构的情况配置静态路由和默认路由。
3. 测试时要关闭 Windows 自带的防火墙。

9.4　项目小结

　　静态地址转换（NAT）将内部本地地址与内部全局地址进行一对一的转换，且需要指定和哪个合法地址进行转换。如果内部网络有 WWW 服务器或 FTP 服务器等可以为外部用户提供的服务，这些服务器的 IP 地址必须采用静态地址转换，以便外部用户可以使用这些服务。端口地址转换（PAT）首先是一种动态地址转换，但是它可以允许多个内部本地地址共用一个内部合法地址。只申请到少量公网 IP 地址，但经常同时有多于合法地址个数的用户需要访问外部网络时，必须要使用 PAT 技术。

9.5　理解与实训

选择题

1. 下列哪一项不是 RFC 1918 为私有网络预留出的三类 IP 地址块？（　　）

A. 192.168.0.0～192.168.255.255 B. 172.16.0.0～172.31.255.255
C. 10.0.0.0～10.255.255.255 D. 1.0.0.0～1.1.255.255

2. 内网用户在什么情况下需要配置静态 NAT？（   ）

A. 需要向外网提供信息服务的主机

B. 内部主机数大于全局 IP 地址数

C. 有足够的已注册的公共 IP 地址

D. 以上都是

3. 下列哪项不是 NAT 的实现方式？（   ）

A. OSPF 和 BGP 结合 B. 静态转换

C. 动态转换 D. 端口多路复用

4. 在配置完 NAPT 后，发现有些内网地址始终可以 Ping 通外网，有些则始终不能，可能的原因有（   ）。

A. ACL 设置不正确 B. NAT 配置没有生效

C. CNAT 设备性能不足 D. NAT 的地址池只有一个地址

5. 以下哪项不是 NAT/NAPT 带来的好处？（   ）

A. 解决地址空间不足的问题

B. 注册 IP 地址网络与公网互联

C. 私有 IP 地址网络与公网互联

D. 网络改造中，避免更改地址带来的风险

6. 在端口配置模式下，（   ）设置端口属性为内部端口

A. ip nat outside B. ip nat outsade

C. ip nat inside D. ip nat insade

填空题

1. NAT 有_____、_____和_____三种类型。

2. NAT 转换表中有_____、_____、_____、_____四种地址。

3. PAT 是将_____与_____转换。

4. 用_____命令查看 NAT 的转换状态。

填空题

1. 什么是 NAT？一般在什么情况下使用？

2. 什么是 NAPT？一般在什么情况下使用？

3. 简述网络地址转换的优点和缺点？

实训任务

假设某公司总公司位于北京，且有一个分公司。各公司内部都建有局域网，网络结构拓扑如图 9.16 所示。现分公司内部有一台 FTP 服务器，总公司申请了一个公网 IP 地址为 200.200.200.1/30。现在总公司内网计算机需要访问分公司的 FTP 服务器，请你利用 NAT

和 PAT 技术实现。

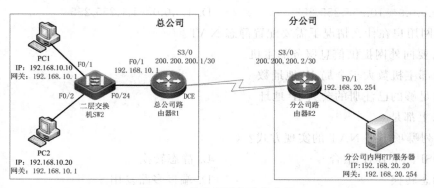

图 9.16 某公司网络连接拓扑

提示：将总公司内部计算机通过 PAT 实现访问外网；将分公司 FTP 服务器使用 NAT 静态映射到分公司的公网接口上。PC1 与 PC2 的相互通信需配置单臂路由。

项目十

PAP 与 CHAP 认证的配置

教学目标

1. 掌握 PPP 协议的原理和特点；
2. 掌握 PPP 协议的协商过程；
3. 掌握 PPP 协议的两种验证方式；
4. 掌握 PPP 协议的配置；
5. 掌握 PPP 协议的维护命令及方法。

10.1 项目内容

某公司设有员工部、行政部、采购部、销售部四个部门，四个部门的计算机属于不同的 VLAN。三台路由器之间通过串口相连并使用 PPP 协议，为了提高串口之间的安全性，R1 和 R2 之间使用了 PAP 的单向认证，R1 为主认证方，R2 为被认证方。R2 和 R3 之间使用 CHAP 的双向认证。本项目通过在路由器上配置 PAP 和 CHAP 功能，以提高网络接入的安全性。

10.2 相关知识

为了实现串口 PPP 协议之间的安全认证，需要使用 PAP 和 CHAP 技术。为此，需要先了解 PPP 协议概念、原理和特点、PPP 协议的组成、PPP 协议的会话过程、PAP 认证过程、PAP 配置命令、CHAP 认证过程、CHAP 配置命令等知识。

10.2.1 PPP 协议的概念

任何第三层的协议要通过拨号或者专用链路穿越广域网时，都必须封装一种数据链路层的协议。TCP/IP 协议是 Internet 中使用最为广泛的协议，在广域网的数据链路层主要有两种用于封装 TCP/IP 的协议：SLIP 协议和 PPP

PPP 协议的概念、特点和组成

协议。

SLIP 协议(Serial Line IP，串行线 IP 协议)出现在 20 世纪 80 年代中期，它是一种在串行线路上封装 IP 包的简单形式。SLIP 协议只支持 IP 网络层协议，不支持 IPX 网络层协议，不提供纠错机制，无协商过程，尤其是不能协商通信双方 IP 地址等网络层属性。由于 SLIP 具有种种缺陷，现已逐步被 PPP 协议所替代。

PPP 协议(Point-to-Point Protocol，点到点协议)是一种在点到点链路上传输、封装网络层数据包的数据链路层协议。PPP 协议处于 OSI 参考模型的数据链路层，主要用于支持在全双工的同步和异步链路上，进行点到点之间数据传输。

10.2.2　PPP 协议的特点

PPP 协议是目前使用最为广泛的广域网协议，它具有以下特点。

(1) PPP 协议是面向字符的，既支持同步链路又支持异步链路。

(2) PPP 协议通过链路控制协议(LCP)能够有效控制数据链路的建立。

(3) PPP 协议支持密码验证协议(PAP)和询问握手验证协议(CHAP)，可以保证网络的安全性。

(4) PPP 协议支持各种网络控制协议(NCP)，可以同时支持多种网络层协议。

(5) PPP 协议可以对网络层地址进行协商，支持 IP 地址的远程分配，能够满足拨号线路的需求。

(6) PPP 协议无重传协议，网络开销较小。

10.2.3　PPP 协议的组成

PPP 协议并非单一的协议，而是由一系列协议构成的协议簇，如图 10.1 所示。

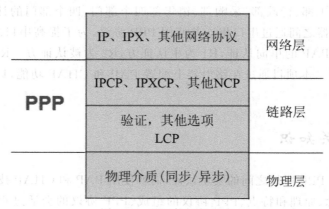

图 10.1　PPP 协议的组成

链路控制协议(Link Control Protocol，LCP)主要用于管理 PPP 数据链路，包括进行链路层参数的协商、建立、拆除和监控数据链路。网络控制协议(Network Control Protocol，NCP)主要用于协商所承载的网络层协议的类型及其属性，协商在该数据链路上所传输的数据包格式和类型，配置网络层协议等。验证协议主要是指 PAP 和 CHAP 协议，主要用于验证 PPP 对端设备的身份合法性，在一定程度上保证了链路的安全性。

10.2.4　PPP 协议的会话过程

PPP 协议的会话主要分为以下三个过程。

1. 链路建立阶段

运行 PPP 协议的设备会发送 LCP 报文来检测链路的可用情况,如果链路可用,则成功建立链路,否则链路建立失败。

PPP 协议的
会话过程

2. 可选的验证阶段

链路成功建立后,根据 PPP 数据帧中的验证选项来决定是否进行验证。如果需要验证,则开始进行 PAP 或者 CHAP 的验证,验证成功后进行网络层协商阶段。

3. 网络层协商阶段

运行 PPP 协议的设备双方发送 NCP 报文来选择并配置网络层协议,双方会协商使用的网络层协议,同时也会选择并配置网络层地址。如果协商通过,则 PPP 链路建立成功。

详细的 PPP 协议的会话建立流程如图 10.2 所示。

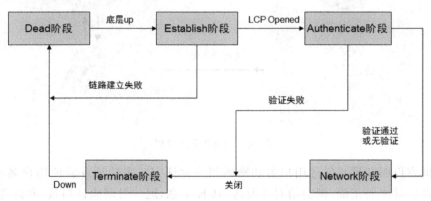

图 10.2　PPP 会话流程

(1) 当物理层不可用时,PPP 链路处于 Dead 阶段,链路必须从这个阶段开始和结束。当通信双方的两端检测到物理线路激活(通常是检测到链路上有载波信号)时,就会从当前这个阶段跃迁至下一个阶段。

(2) 当物理层可用时,进入 Establish 阶段。PPP 链路在 Establish 阶段进行 LCP 协商,协商的内容包括是否采用链路捆绑、使用何种验证方式、最大传输单元等。协商成功后 LCP 进入 Opened 状态,表示底层链路已经建立。

(3) 如果配置了验证,则进入 Authenticate 阶段,开始 CHAP 或 PAP 验证。这个阶段仅支持链路控制协议、验证协议和质量检查数据报文,其他的数据报文都被丢弃。

(4) 如果验证失败,则进入 Terminate 阶段,拆除链路,LCP 状态转为 Down;如果验证成功,则进入 Network 阶段,由 NCP 协商网络层协议参数,此时 LCP 状态仍为 Opened,而 NCP 状态从 Initial 转到 Request。

(5) NCP 协商支持 IPCP 协商,IPCP 协商主要包括双方的 IP 地址。通过 NCP 协商来选择和配置一个网络层协议。只有相应的网络层协议协商成功后,该网络协议才可以通过这条 PPP 链路发送报文。

（6）PPP 链路将一直保持通信，直至有明确的 LCP 或 NCP 的帧来关闭这条链路，或发生了某些外部事件导致链路关闭。

（7）PPP 能在任何时候终止链路。在载波丢失、验证失败、链路质量检测失败和管理员人为关闭链路等情况下均会导致链路终止。

10.2.5　PAP 验证

PAP 验证为两次握手验证，验证的过程仅在链路初始建立阶段进行，验证的过程如图 10.3 所示。

PAP 认证过程

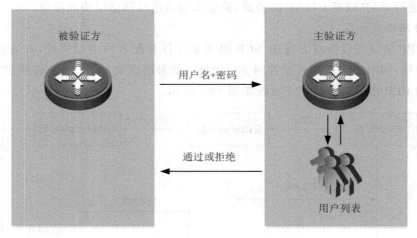

图 10.3　PAP 验证过程

被验证方以明文形式发送用户名和密码到主验证方。主验证方验证用户名和密码，如果此用户合法且密码正确，则会给对端发送 ACK 消息，通告对端验证通过，允许进入下一阶段协商；如果用户名或密码不正确，则发送 NAK 消息，通告对端验证失败。

为了确认用户和密码正确性，主验证方要么检索本机预先配置的用户列表，要么采用类似 RADIUS（远程验证拨入用户服务协议）的远程验证协议向网络上的验证服务器检查用户名和密码信息。

PAP 验证失败后并不会直接将链路关闭。只有当验证失败次数达到一定值时，链路才会被关闭，这样可以防止应误传、链路干扰等造成不必要的 LCP 重新协商过程。

PAP 验证可以在一方进行，即由一方验证另一方的身份，也可以进行双向身份验证，双向验证可以理解为两个独立的单向验证过程，即要求通信双方都要通过对方的验证程序，否则无法建立二者之间的链路。在 PAP 验证中，用户名和密码在网络上以明文的方式传输，如果在传输过程中被监听，监听者可以获知用户名和密码，并利用其通过验证，从而可能对网络安全造成威胁。因此，PAP 适用于对网络安全要求相对较低的环境。

10.2.6　PAP 基本配置命令

因为 PAP 认证和 CHAP 认证都是属于 PPP 协议的认证，所以要将串口的类型封装为 PPP 协议类型，默认情况下端口类型为 HDLC 类型。

PAP 基本配置命令与示例

项目十 PAP 与 CHAP 认证的配置

1. 将端口类型改为 PPP 协议类型
   ① Router(config)# interface type number   //选择端口,进入接口配置模式下
   ② Router(config-if)# encapsulation ppp   //将端口类型封装为 PPP 协议类型

2. 主验证方创建用户列表
   ① Router(config-if)# ppp authentication pap
       //配置端口认证为 PAP 认证,若设备上配置了这条命令,那么这台设备就为主验证方
   ② Router(config-if)# exit   //返回到全局配置模式
   ③ Router(config)# username 用户名 password 密码   //创建被验证用户的用户名和密码

3. 被验证方发送用户的账号密码给主验证方验证
   ① Router(config)# interface type number   //选择端口,进入接口配置模式下
   ② Router(config-if)# encapsulation ppp   //将端口类型封装为 PPP 协议类型
   ③ Router(config-if)# ppp pap sent-username 用户名 password 密码
       //被验证方发送用户名和密码给主验证方,注意配置是在端口模式下

操作示例：如图 10.4 所示,网络中有两台路由器 R1 和 R2,R1 的 S0/0 为 DCE 端,IP 地址为 10.0.0.1/30,R2 的 S0/0 为 DTE 端,IP 地址为 10.0.0.2/30。R1 的 F0/0 的 IP 地址为 192.168.10.1/24,R2 的 F0/0 的 IP 地址为 192.168.20.1/24,PC1 和 PC2 的 IP 地址为 192.168.10.10 和 192.168.20.20。

为了提高串口之间的安全性使用了 PAP 单向认证,R1 为主验证方,R2 为被验证方,认证的用户名为 sxvtc,密码为 123123。若你是网络工程师,通过合理的设置使得 PC1 和 PC2 能够相互通信。

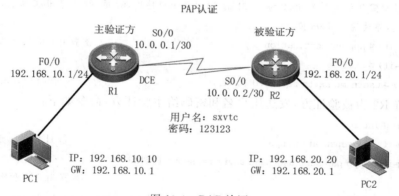

图 10.4 PAP 认证

（1）在路由器 R1 上配置基本 IP 地址,命令如下：
Router>enable
Router#config t
Router(config)#hostname R1
R1(config)#int s0/0
R1(config-if)#ip address 10.0.0.1 255.255.255.252
R1(config-if)#clock rate 64000
R1(config-if)#no shutdown
R1(config-if)#exit

R1(config)# int f0/0
R1(config-if)# ip address 192.168.10.1 255.255.255.0
R1(config-if)# no shutdown
R1(config-if)#
R1(config-if)# end

（2）在路由器 R2 上配置基本 IP 地址，命令如下：
Router>enable
Router#config t
Router(config)# hostname R2
R2(config)# int s0/0
R2(config-if)# ip address 10.0.0.2 255.255.255.252
R2(config-if)# no shutdown
R2(config-if)# exit
R2(config)# int f0/0
R2(config-if)# ip address 192.168.20.1 255.255.255.0
R2(config-if)# no shutdown
R2(config-if)# end

（3）配置 R1 为主验证方，用户名为 sxvtc，密码为 123123，命令如下：
R1(config)# int s0/0
R1(config-if)# encapsulation ppp   //封装端口类型为 PPP 协议
%LINEPROTO-5-UPDOWN: Line protocol on Interface Serial0/0, changed state to down
　　//因为端口默认的类型为 HDLC 协议，R1 的 S0/0 为 PPP 协议，R2 的 S0/0 为 HDLC 协议，两边端口类型
　　　不一致，导致端口 down 掉
R1(config-if)# ppp authentication pap   //配置 PPP 的认证协议为 PAP 协议
R1(config-if)# exit
R1(config)# username sxvtc password 123123   //配置验证的用户名和密码

（4）配置 R2 为被验证方，发送用户名和密码给主验证方，命令如下：
R2(config)# int s0/0
R2(config-if)# encapsulation ppp   //封装端口类型为 PPP 协议
R2(config-if)# ppp pap sent-username sxvtc password 123123
　　　　　　　　　　　　　　　　　　　　　　　　　　//发送用户名和密码给主验证方
%LINEPROTO-5-UPDOWN: Line protocol on Interface Serial0/0, changed state to up
　　　　　　　　　　　　　　　　　　　　　　　　　　//用户名和密码正确，端口状态变为 up
R2(config)# exit

（5）要使 PC1 和 PC2 能够通信，需要在 R1 和 R2 上配置路由，命令如下：
R1(config)# ip route 0.0.0.0 0.0.0.0 10.0.0.2   //R1 配置默认路由
R2(config)# ip route 0.0.0.0 0.0.0.0 10.0.0.1   //R2 配置默认路由

　　PC1 和 PC2 配置 IP 地址和网关，测试 PC1 和 PC2 的连通性，可以相互通信。如图 10.5 所示。

项目十　PAP 与 CHAP 认证的配置

```
PC>ipconfig
IP Address......................: 192.168.10.10
Subnet Mask.....................: 255.255.255.0
Default Gateway.................: 192.168.10.1

PC>ping 192.168.20.20

Pinging 192.168.20.20 with 32 bytes of data:

Reply from 192.168.20.20: bytes=32 time=13ms TTL=126
Reply from 192.168.20.20: bytes=32 time=13ms TTL=126
Reply from 192.168.20.20: bytes=32 time=10ms TTL=126
Reply from 192.168.20.20: bytes=32 time=15ms TTL=126

Ping statistics for 192.168.20.20:
    Packets: Sent = 4, Received = 4, Lost = 0 (0% loss),
Approximate round trip times in milli-seconds:
    Minimum = 10ms, Maximum = 15ms, Average = 12ms
```

图 10.5　PC1 和 PC2 相互通信

10.2.7　CHAP 验证

CHAP 认证过程

CHAP 验证为三次握手验证，CHAP 协议是在链路建立的开始就完成的。在链路建立完成后的任何时间都可以重复发送进行再验证，CHAP 验证过程如图 10.6 所示。

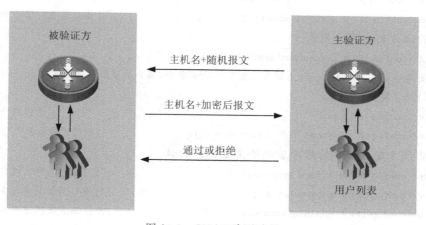

图 10.6　CHAP 验证过程

（1）主验证方主动发送验证请求，主验证方向被验证方发送一个随机产生的数值，并同时将本端的用户名一起发送给被验证方。

（2）被验证方接收到主验证方的验证请求后，检查本地密码。如果本端端口上配置了默认的 CHAP 密码，则被验证方选用此密码；如果没有配置默认的 CHAP 密码，则被验证方根据此报文中主验证方的用户名在本端的用户表中查找该用户对应的密码，并选用找到的密码。随后，被验证方利用 MD5 算法对报文 ID、密码和随机数生成一个摘要，并将此摘要和自己的用户名发回主验证方。

153

（3）主验证方用 MD5 算法对报文 ID、本地保存的被验证方密码和原随机数生成一个摘要，并与收到的摘要值进行比较。如果相同，则向被验证方发送 Acknowledge 消息声明验证通过；如果不同，则验证不通过，向被验证方发生 Not Acknowledge。

CHAP 单向验证是指一端为主验证方，另一端作为被验证方。双向验证是单向验证的简单叠加，即两端都是既作为主验证方又作为被验证方。

PPP 支持的两种验证方式 PAP 和 CHAP 区别如下。

（1）PAP 通过两次握手的方式来完成验证，而 CHAP 通过三次握手验证远端节点。PAP 验证由被验证方首先发起验证请求，而 CHAP 验证由主验证方首先发起验证请求。

（2）PAP 密码以明文方式在链路上发送，并且当 PPP 链路建立后，被验证方会不停地在链路上反复发送用户名和密码，直到身份验证过程结束，所以不能防止攻击。CHAP 只在网络上传输用户名，并不传输用户密码，因此它的安全性要比 PAP 高。

（3）PAP 和 CHAP 都支持双向身份验证。即参与验证的一方可以同时是验证方和被验证方。由于 CHAP 的安全性优于 PAP，所以其应用更加广泛。

10.2.8　CHAP 基本配置命令

CHAP 基本配置命令与示例

因为 PAP 认证和 CHAP 认证都是属于 PPP 协议的认证，所以要将串口的类型封装为 PPP 协议类型，默认情况下端口类型为 HDLC 类型。

1. 将端口类型改为 PPP 协议类型

① Router(config)# interface type number　　//选择端口，进入接口配置模式下
② Router(config-if)# encapsulation ppp　　//将端口类型封装为 PPP 协议类型

2. 主验证方创建用户列表

① Router(config-if)# ppp authentication chap
　　//配置端口认证为 CHAP 认证，若设备上配置了这条命令，那么这台设备就为主验证方，如双向认证，两边端口都需要配置
② Router(config-if)# exit　　//返回到全局配置模式
③ Router(config)# username 用户名 password 密码　　//创建被验证用户的账号和密码

3. 被验证方发送用户的账号密码给主验证方验证

① Router(config)# interface type number　　//选择端口，进入接口配置模式下
② Router(config-if)# encapsulation ppp　　//将端口类型封装为 PPP 协议类型
③ Router(config-if)# ppp chap hostname 用户名　　//被验证方发送用户名给主验证方
④ Router(config-if)# ppp chap password 密码　　//被验证方发送密码给主验证方

操作示例 1：如图 10.7 所示，网络中有两台路由器 R1 和 R2，R1 的 S3/0 为 DCE 端，IP 地址为 20.1.1.1/30，R2 的 S3/0 为 DTE 端，IP 地址为 20.1.1.2/30。R1 的 F0/0 的 IP 地址为 192.168.30.1/24，R2 的 F0/0 的 IP 地址为 192.168.40.1/24，PC1 和 PC2 的 IP 地址为 192.168.30.30 和 192.168.40.40。

为了提高串口之间的安全性使用了 CHAP 单向认证，R1 为主验证方，R2 为被验证方，要求采用本地用户及密码进行验证，认证的用户名为 abcabc，密码为 654321。若你是网络工程师，通过合理的设置使得 PC1 和 PC2 能够相互通信。

项目十 PAP 与 CHAP 认证的配置

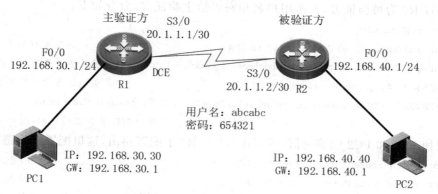

图 10.7 CHAP 单向认证示例

1. 在路由器 R1 上配置基本 IP 地址,命令如下:

Router＞enable
Router#config t
R1(config)#int s3/0
R1(config-if-Serial 3/0)#ip address 20.1.1.1 255.255.255.252
R1(config-if-Serial 3/0)#clock rate 64000　　　　　　　　　　　　//配置时钟频率 64000
R1(config-if-Serial 3/0)#no shutdown
R1(config-if-Serial 3/0)#exit
R1(config)#int fastEthernet 0/0
R1(config-if-FastEthernet 0/0)#ip address 192.168.30.1 255.255.255.0
R1(config-if-FastEthernet 0/0)#no shutdown
R1(config-if-FastEthernet 0/0)#end

2. 在路由器 R2 上配置基本 IP 地址,命令如下:

Router＞enable
Router#config t
Router(config)#hostname R2
R2(config)#int s3/0
R2(config-if-Serial 3/0)#ip address 20.1.1.2 255.255.255.252
R2(config-if-Serial 3/0)#no shutdown
R2(config-if-Serial 3/0)#exit
R2(config)#int fastEthernet 0/0
R2(config-if-FastEthernet 0/0)#ip address 192.168.10.1 255.255.255.0
R2(config-if-FastEthernet 0/0)#no shutdown

3. 配置 R1 为主验证方,用户名为 abcabc,密码为 654321,命令如下:

R1(config)#int s3/0
R1(config-if-Serial 3/0)#encapsulation ppp　　　　　　　　　　　　//封装端口类型为 PPP 协议
R1(config-if-Serial 3/0)#ppp authentication chap　　　　　　　　　　//配置 PPP 的认证协议为 CHAP 协议
R1(config-if-Serial 3/0)#exit
R1(config)#usernameabcabc password 654321

155

　　　　　　　　　　　　　　　　　　　　//创建验证用户的用户名和密码（需要管理员15级权限）

4. 配置 R2 为被验证方，发送用户名和密码给主验证方，命令如下：

R2(config)#int s3/0
R2(config-if-Serial 3/0)#encapsulation ppp　　　　　//封装端口类型为 PPP 协议
R2(config-if-Serial 3/0)#ppp chap hostname abcabc　　//被验证方发送用户名给主验证方
R2(config-if)#ppp chap password 654321　　　　　　　//被验证方发送密码给主验证方
%LINEPROTO-5-UPDOWN: Line protocol on Interface Serial3/0, changed state to up
　　　　　　　　　　　　　　　　　　　　//用户的账号和密码正确，端口状态变为 up

5. 要使 PC1 和 PC2 能够通信，需要在 R1 和 R2 上配置路由，这里配置默认路由：

R1(config)#ip route 0.0.0.0 0.0.0.0 20.1.1.2　　　　　　//R1 配置默认路由
R2(config)#ip route 0.0.0.0 0.0.0.0 20.1.1.1　　　　　　//R2 配置默认路由

　　PC1 和 PC2 配置 IP 地址和网关，测试 PC1 和 PC2 的连通性，可以相互通信。如图 10.8 所示。

图 10.8　PC1 和 PC2 相互通信

操作示例 2：如图 10.9 所示，网络中有两台路由器 R1 和 R2，R1 的 S0/0 为 DCE 端，IP 地址为 30.1.1.1/30，R2 的 S0/0 为 DTE 端，IP 地址为 30.1.1.2/30。R1 的 F0/0 的 IP 地址为 192.168.30.1/24，R2 的 F0/0 的 IP 地址为 192.168.40.1/24，PC1 和 PC2 的 IP 地址为 192.168.30.30 和 192.168.40.40。

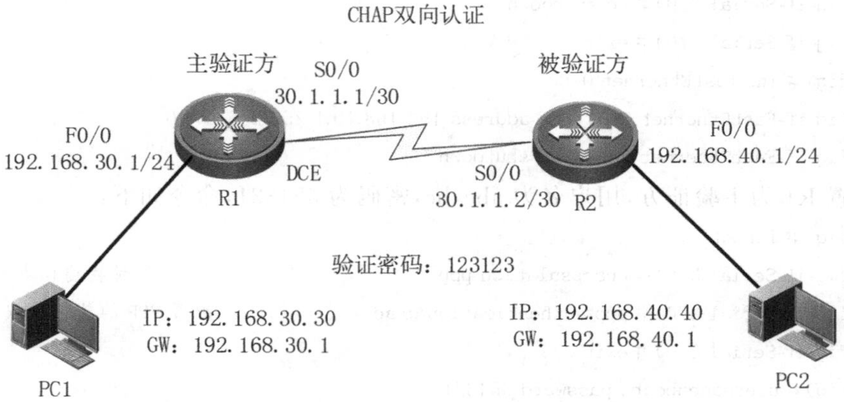

图 10.9　CHAP 双向认证

项目十 PAP 与 CHAP 认证的配置

为了提高串口之间的安全性使用了 CHAP 的双向认证，R1 和 R2 既为主验证方也为被验证方，要求采用默认设备名称进行验证，密码为 123123。若你是网络工程师，通过合理的设置使得 PC1 和 PC2 能够相互通信。

1. 在路由器 R1 上配置基本 IP 地址，命令如下：

```
Router>enable
Router#config t
Router(config)#hostname R1
R1(config)#int s0/0
R1(config-if)#ip address 30.1.1.1 255.255.255.252
R1(config-if)#no shutdown
R1(config-if)#exit
R1(config)#int f0/0
R1(config-if)#ip address 192.168.30.1 255.255.255.0
R1(config-if)#no shutdown
R1(config-if)#end
```

2. 在路由器 R2 上配置基本 IP 地址，命令如下：

```
Router>enable
Router#config t
Router(config)#hostname R2
R2(config)#int s0/0
R2(config-if)#ip address 30.1.1.2 255.255.255.252
R2(config-if)#no shutdown
R2(config-if)#exit
R2(config)#int f0/0
R2(config-if)#ip address 192.168.40.1 255.255.255.0
R2(config-if)#no shutdown
```

3. 配置 R1 为主验证方，命令如下：

```
R1(config)#int s0/0
R1(config-if)#encapsulation ppp                  //封装端口类型为 PPP 协议
R1(config-if)#ppp authentication chap            //配置 PPP 的认证协议为 CHAP 协议
R1(config-if)#exit
R1(config)#username R2 password 123123
          //配置验证默认的用户名和密码，注意这里的用户名称要为对方的设备名称
```

4. 配置 R2 为被验证方，发送用户名和密码给主验证方，命令如下：

```
R2(config)#int s0/0
R2(config-if)#encapsulation ppp                  //封装端口类型为 PPP 协议
R2(config-if)#ppp authentication chap            //配置 PPP 的认证协议为 CHAP 协议
R2(config-if)#exit
R2(config)#username R1 password 123123
          //配置验证默认的用户名和密码，注意这里的用户名称要为对方的设备名称
```

5. 要使 PC1 和 PC2 能够通信，需要在 R1 和 R2 上配置路由命令如下：

```
R1(config)#ip route 0.0.0.0 0.0.0.0 30.1.1.2      //R1 配置默认路由
R2(config)#ip route 0.0.0.0 0.0.0.0 30.1.1.1      //R2 配置默认路由
```

PC1 和 PC2 配置 IP 地址和网关，测试 PC1 和 PC2 的连通性，可以相互通信。如图 10.10 所示。

图 10.10　PC1 和 PC2 相互通信

10.3　工作任务示例

PAP 与 CHAP 认证工作任务示例

某公司设有员工部、行政部、采购部、销售部四个部门。公司局域网如图 10.11 所示。PC1 属于员工部门的计算机，PC2 属于行政部门的计算机，PC3 属于采购部门的计算机，PC4 属于销售部门的计算机，分别属于 VLAN 10、VLAN 20、VLAN 30 和 VLAN 40。R1、R2 和 R3 通过串口相连，为了提高串口之间的安全性，R1 和 R2 之间使用了 PAP 的单向认证，R1 为主认证方，R2 为被认证方，认证的用户名为 test1，密码为 123456。R2 和 R3 之间使用 CHAP 的双向认证，用户名为对方的路由器名称，密码为 123123。三层交换机 SW3 和路由器 R1、R2、R3 之间运行 OSPF 路由协议。若你是公司的网络管理员，要求进行合理的设置使得全网互通。

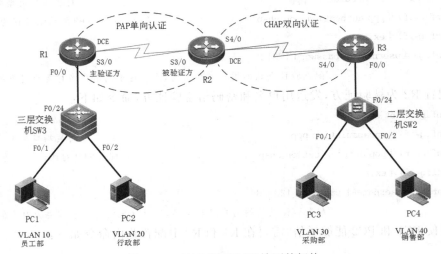

图 10.11　PAP 和 CHAP 认证的拓扑

项目十 PAP 与 CHAP 认证的配置

公司局域网的 IP 地址规划如表 10.1 所示。

表 10.1 IP 地址规划表

设备名称	IP 地址	子网掩码	网关
三层交换机 SW3 的 F0/24	10.1.1.1	255.255.255.0	
SW3 的 SVI VLAN 10	192.168.10.1	255.255.255.0	
SW3 的 SVI VLAN 20	192.168.20.1	255.255.255.0	
R1 的 F0/0	10.1.1.2	255.255.255.0	
R1 的 S3/0	20.1.1.1	255.255.255.0	
R2 的 S3/0	20.1.1.2	255.255.255.0	
R2 的 S4/0	30.1.1.1	255.255.255.0	
R3 的 S4/0	30.1.1.2	255.255.255.0	
R3 的 F0/0.30	192.168.30.1	255.255.255.0	
R3 的 F0/0.40	192.168.40.1	255.255.255.0	
局域网计算机 PC1	192.168.10.10	255.255.255.0	192.168.10.1
局域网计算机 PC2	192.168.20.20	255.255.255.0	192.168.20.1
局域网计算机 PC3	192.168.30.30	255.255.255.0	192.168.30.1
局域网计算机 PC4	192.168.40.40	255.255.255.0	192.168.40.1

任务目标

1. 为 SW3、R1、R2 和 R3 的接口配置 IP 地址。
2. 为三层交换机 SW3 和路由器 R1、R2、R3 配置 OSPF 动态路由协议。
3. 为 PC1、PC2、PC3、PC4 配置 IP 地址和网关,测试 PC 机的连通性。
4. R1 的 S3/0 和 R2 的 S3/0 之间配置 PAP 的验证,其中 R1 是主验证方,R2 是被验证方。
5. R2 和 R3 之间开启 CHAP 的双向认证。
6. 测试 PC1 与 PC2、PC3、PC4 之间的连通性。

具体实施步骤

步骤 1 为 SW3、R1、R2 和 R3 的接口配置 IP 地址。

在 SW3 上划分 VLAN,配置基本的 IP 地址:

```
Ruijie>enable                              //用户视图进入到特权视图
Ruijie#config t                            //特权视图进入到全局配置视图
Ruijie(config)#hostname SW3                //设备命名为 SW3
SW3(config)#vlan 10                        //创建 VLAN 10
SW3(config-vlan)#vlan20                    //创建 VLAN 20
```

```
SW3(config-vlan)# exit
SW3(config)# interface fastEthernet 0/1                           //进入端口 F0/1
SW3(config-if)# switchport access vlan 10                         //将端口 F0/1 加入到 VLAN 10 中
SW3(config-if)# exit
SW3(config)# interface fastEthernet 0/2
SW3(config-if)# switchport access vlan20                          //端口 F0/2 加入到 VLAN 20 中
SW3(config)# int vlan 10                                          //设置 VlAN 10 的网关为 192.168.10.1
SW3(config-if-VLAN 10)# ip address 192.168.10.1 255.255.255.0
SW3(config-if-VLAN 10)# exit
SW3(config)# int vlan 20                                          //设置 VlAN 20 的网关为 192.168.20.1
SW3(config-if-VLAN20)# ip address 192.168.20.1 255.255.255.0
SW3(config-if-VLAN20)# exit
SW3(config)# interface fastEthernet 0/24                          //进入端口 F0/24
SW3(config-if)# no switchport                                     //交换机端口开启路由模式
SW3(config-if)# ip address 10.1.1.1 255.255.255.0
SW3(config-if)# end
SW3# show ip int b                                                //查看 SW3 的 IP 地址
Interface              IP-Address(Pri)       OK?      Status
FastEthernet 0/24      10.1.1.1/24           YES      UP
VLAN 10                192.168.10.1/24       YES      UP
VLAN 20                192.168.20.1/24       YES      UP
```

在 R1 上配置基本的 IP 地址：

```
Ruijie>enable
Ruijie# config t
Ruijie(config)# hostname R1                                       //将设备命名为 R1
R1(config)# interface fastEthernet 0/0
R1(config-if)# ip address 10.1.1.2 255.255.255.0
R1(config-if)# no shutdown
R1(config-if)# exit
R1(config)# interface s3/0
R1(config-if)# ip address 20.1.1.1 255.255.255.0
R1(config-if)# clock rate 64000                                   //DCE 端配置时钟频率 64000
R1(config-if)# no shutdown
R1(config-if)# end
R1# show ip int b                                                 //查看 R1 的 IP 地址
Interface              IP-Address(Pri)       OK?      Status
Serial 3/0             20.1.1.1/24           YES      UP
FastEthernet 0/0       10.1.1.2/24           YES      UP
FastEthernet 0/1       no address            YES      DOWN
```

在 R2 上配置基本的 IP 地址：

```
Ruijie>enable
```

```
Ruijie#config t
Ruijie(config)#hostname R2                                              //将设备命名为 R2
R2(config)#int s3/0
R2(config-if)#ip address 20.1.1.2 255.255.255.0
R2(config-if)#no shutdown
R2(config-if)#exit
R2(config)#int s4/0
R2(config-if)#ip address 30.1.1.1 255.255.255.0
R2(config-if)#no shutdown
R2(config-if)#clock rate 64000                                          //DCE 端配置时钟频率 64000
R2(config-if)#end
R2#show ip int b                                                        //查看 R2 的 IP 地址
Interface              IP-Address(Pri)        OK?        Status
Serial 3/0             20.1.1.2/24            YES        UP
Serial 4/0             30.1.1.1/24            YES        UP
FastEthernet 0/0       no address             YES        DOWN
FastEthernet 0/1       no address             YES        DOWN
```

在 R3 上配置基本的 IP 地址：

```
Ruijie>enable
Ruijie#config t
Ruijie(config)#hostname R3                                              //将设备命名为 R3
R3(config)#int s4/0
R3(config-if)# ip address 30.1.1.2 255.255.255.0
R3(config-if)# exit
R3(config)#int fastEthernet 0/0
R3(config-if)# no shutdown                                              //配置单臂路由首先要开启 F0/0 物理接口
R3(config-if)# exit
R3(config)# infastEthernet 0/0.30                                       //创建 F0/0.30 子接口
R3(config-subif)# encapsulation dot1Q 30                                //将子接口封装为 dot1q 协议绑定 VLAN 30
R3(config-subif)# ip address 192.168.30.1 255.255.255.0                 //设置子接口 IP 地址
R3(config-subif)# exit
R3(config)#int fastEthernet 0/0.40                                      //创建 F0/0.40 子接口
R3(config-subif)# encapsulation dot1Q 40                                //将子接口封装为 dot1q 协议绑定 VLAN 40
R3(config-subif)# ip address 192.168.40.1 255.255.255.0                 //设置子接口 IP 地址
R3(config-subif)# end
R3#show ip int b                                                        //查看 R3 的 IP 地址
Interface              IP-Address(Pri)        OK?        Status
Serial 3/0             no address             YES        DOWN
Serial 4/0             30.1.1.2/24            YES        UP
FastEthernet 0/0.40    192.168.40.1/24        YES        UP
FastEthernet 0/0.30    192.168.30.1/24        YES        UP
```

FastEthernet 0/0	no address	YES	DOWN
FastEthernet 0/1	no address	YES	DOWN

在 SW2 上划分 VLAN 30 和 VLAN 40，将端口加入到相应的 VLAN 中：

Ruijie>enable
Ruijie#config t
Ruijie(config)#hostname SW2   //将设备命名为 SW2
SW2(config)#vlan 30   //创建 VLAN 30
SW2(config-vlan)#exit
SW2(config)#vlan 40   //创建 VLAN 40
SW2(config-vlan)#exit
SW2(config)#int FastEthernet 0/1   //将端口加入到 VLAN 30 中
SW2(config-if)#switchport access vlan 30
SW2(config-if)#exit
SW2(config)#in FastEthernet 0/2   //将端口加入到 VLAN 40 中
SW2(config-if)#switchport access vlan40
SW2(config)#int FastEthernet 0/24   //进入端口 F0/24
SW2(config-if)#switchport mode trunk   //端口模式设置为 Trunk
SW2(config-if)#exit

步骤 2 为三层交换机 SW3 和路由器 R1、R2、R3 配置 OSPF 动态路由协议。

SW3 配置 OSPF 动态路由：

SW3(config)#route ospf 10   //SW3 开启进程号为 10 的 OSPF 路由协议
SW3(config-router)#network 10.1.1.0 0.0.0.255 area 0   //宣告 10.1.1.0 网段
SW3(config-router)#network192.168.10.0 0.0.0.255 area 0   //宣告 192.168.10.0 网段
SW3(config-router)#network192.168.20.0 0.0.0.255 area 0   //宣告 192.168.20.0 网段
SW3(config-router)#end

R1 配置 OSPF 动态路由：

R1(config)#route ospf 10   //R1 开启进程号为 10 的 OSPF 路由协议
R1(config-router)#network 10.1.1.0 0.0.0.255 area 0   //宣告 10.1.1.0 网段
R1(config-router)#network 20.1.1.0 0.0.0.255 area 0   //宣告 20.1.1.0 网段
R1(config-router)#end

R2 配置 OSPF 动态路由：

R2(config)#route ospf 10   //R2 开启进程号为 10 的 OSPF 路由协议
R2(config-router)#network 30.1.1.0 0.0.0.255 area 0   //宣告 30.1.1.0 网段
R2(config-router)#network 20.1.1.0 0.0.0.255 area 0   //宣告 20.1.1.0 网段
R2(config-router)#end

R3 配置 OSPF 动态路由：

R3(config)#route ospf 10   //R3 开启进程号为 10 的 OSPF 路由协议
R3(config-router)#network 30.1.1.0 0.0.0.255 area 0   //宣告 30.1.1.0 网段
R3(config-router)#network 192.168.30.0 0.0.0.255 area 0   //宣告 192.168.30.0 网段
R3(config-router)#network 192.168.40.0 0.0.0.255 area 0   //宣告 192.168.40.0 网段
R1#show ip route   //在 R1 上查看路由表，学习到了全网路由

项目十 PAP 与 CHAP 认证的配置

```
Codes: C-connected, S-static, R-RIP, B-BGP
       O-OSPF, IA-OSPF inter area
       N1-OSPF NSSA external type 1, N2-OSPF NSSA external type 2
       E1-OSPF external type 1, E2-OSPF external type 2
       i-IS-IS, su-IS-IS summary, L1-IS-IS level-1, L2-IS-IS level-2
       ia-IS-IS inter area, *-candidate default
Gateway of last resort is no set
C    10.1.1.0/24 is directly connected, GigabitEthernet 0/0
C    10.1.1.2/32 is local host.
C    20.1.1.0/24 is directly connected, Serial3/0
C    20.1.1.1/32 is local host.
O    30.1.1.0/24 [110/100] via 20.1.1.2, 00:02:05, Serial3/0
O    192.168.10.0/24 [110/2] via 10.1.1.1, 00:00:00, FastEthernet0/0
O    192.168.20.0/24 [110/2] via 10.1.1.1, 00:00:37, FastEthernet0/0
O    192.168.30.0/24 [110/101] via 20.1.1.2, 00:02:05, Serial3/0
O    192.168.40.0/24 [110/101] via 20.1.1.2, 00:02:05, Serial3/0
```

步骤 3 为 PC1、PC2、PC3、PC4 配置 IP 地址和网关，测试 PC 机的连通性。通过测试 PC 机之间可以互通，但是 R1 和 R2 之间、R2 和 R3 之间还没有开启 PAP 和 CHAP 认证。如图 10.12 至图 10.14 所示。

图 10.12 PC1 和 PC2 正常通信

图 10.13 PC1 和 PC3 正常通信

图 10.14 PC1 和 PC4 正常通信

步骤 4 R1 的 S3/0 和 R2 的 S3/0 之间配置 PAP 的验证，其中 R1 是主验证方，R2 是被验证方。

```
R1(config)#int serial 3/0
R1(config-if)#encapsulation ppp                    //接口封装 PPP 协议
R1(config-if)#ppp authentication pap               //开启 PAP 认证
R1(config-if)#exit
R1(config)#username test1 password 123456          //创建认证用户 test1,密码 123456
R1(config)#exit
```

在 R2 上配置：

```
R2(config)#int s3/0
R2(config-if)#shutdown                             //关闭 R2 的 S3/0 接口
R2(config-if)#no shutdown                          //开启 R2 的 S3/0 接口
R2#sh ip int b                                     //查看 R2 的 IP 地址
```

Interface	IP-Address(Pri)	OK?	Status
Serial 3/0	20.1.1.2/24	YES	DOWN
Serial 4/0	30.1.1.1/24	YES	UP
FastEthernet 0/0	no address	YES	DOWN
FastEthernet 0/1	no address	YES	DOWN

//通过关闭和开启的 S3/0 接口,使得 PAP 认证生效,查看 S3/0 的状态,发现 S3/0 已经 down,因为 R1 开启了 PAP 认证

```
R2(config-if)#encapsulation ppp
R2(config-if)#ppp pap sent-username test1 password 0 123456
                                                   //R2 将用户名和密码发给验证方 R1
Aug 23 16:47:26: %LINEPROTO-5-UPDOWN: Line protocol on Interface Serial3/0, changed state to up.
                                                   //PAP 认证成功,路由器弹出提示 S3/0 接口的状态变为 up
*Aug 23 16:47:36: %OSPFV2-5-NBRCHG: OSPF[10] Nbr[20.1.1.1-Serial 3/0] Loading to Full, LoadingDone
                                                   //路由器弹出提示 OSPF 的状态变为 FULL
R2(config-if)#end
R2#sh ip int b                                     //R2 查看路由表发现 S3/0 的端口状态变为 up
```

Interface	IP-Address(Pri)	OK?	Status
Serial 3/0	20.1.1.2/24	YES	UP
Serial 4/0	30.1.1.1/24	YES	UP
FastEthernet 0/0	no address	YES	DOWN
FastEthernet 0/1	no address	YES	DOWN

步骤 5 R2 和 R3 之间开启 CHAP 的双向认证。

```
R2(config)#inS4/0
R2(config-if)#encapsulation ppp
R2(config-if)#ppp authentication chap              //开启 CHAP 认证,单向认证
R2(config-if)#exit
R2(config)#username R3 password 123123             //创建默认用户 R3,密码 123123
```

在 R3 上配置：

```
R3(config)#in s4/0
```

项目十 PAP 与 CHAP 认证的配置

```
R3(config-if)# encapsulation ppp
R3(config-if)# ppp authentication chap          //开启 CHAP 认证,双向认证
R3(config-if)# exit
R3(config)# username R2 password 123123         //创建默认用户 R2,密码 123123
R3(config)# exit
R3# show ip int b
Interface              IP-Address(Pri)    OK?    Status
Serial 3/0             no address         YES    DOWN
Serial 4/0             30.1.1.2/24        YES    UP
FastEthernet 0/0.40    192.168.40.1/24    YES    UP
FastEthernet 0/0.30    192.168.30.1/24    YES    UP
FastEthernet 0/0       no address         YES    DOWN
FastEthernet 0/1       no address         YES    DOWN
```

步骤 6 再次查看 R1 的路由表发现仍能学到全网的路由。

```
R1# sh ip route                                 //查看 R1 的路由表仍能学到全网的路由
Codes: C-connected, S-static, R-RIP, B-BGP
       O-OSPF, IA-OSPF inter area
       N1-OSPF NSSA external type 1, N2-OSPF NSSA external type 2
       E1-OSPF external type 1, E2-OSPF external type 2
       i-IS-IS, su-IS-IS summary, L1-IS-IS level-1, L2-IS-IS level-2
       ia-IS-IS inter area, *-candidate default
Gateway of last resort is no set
C    10.1.1.0/24 is directly connected, FastEthernet 0/0
C    10.1.1.2/32 is local host.
C    20.1.1.0/24 is directly connected, Serial 3/0
C    20.1.1.1/32 is local host.
C    20.1.1.2/32 is directly connected, Serial 3/0
O    30.1.1.0/24 [110/100] via 20.1.1.2, 00:03:17, Serial 3/0
O    192.168.10.0/24 [110/2] via 10.1.1.1, 00:29:58, FastEthernet 0/0
O    192.168.20.0/24 [110/2] via 10.1.1.1, 00:29:58, FastEthernet 0/0
O    192.168.30.0/24 [110/101] via 20.1.1.2, 00:02:51, Serial 3/0
O    192.168.40.0/24 [110/101] via 20.1.1.2, 00:02:51, Serial 3/0
```

步骤 7 测试 PC1 与 PC2、PC3、PC4 之间的连通性,发现都可以连通,实现了全网互通。如图 10.15 至图 10.17 所示。

图 10.15 PC1 和 PC2 正常通信

图 10.16 PC1 和 PC3 正常通信

图 10.17　PC1 和 PC4 正常通信

10.4　项目小结

PAP 认证过程非常简单,二次握手机制,使用明文格式发送用户名和密码。发起方为被认证方,可以做无限次的尝试(暴力破解)。只在链路建立的阶段进行 PAP 认证,一旦链路建立成功将不再进行认证检测。目前在 PPPOE 拨号环境中用的比较常见。CHAP 认证过程比较复杂,三次握手机制,使用密文格式发送 CHAP 认证信息。由认证方发起 CHAP 认证,可有效避免暴力破解。在链路建立成功后具有再次认证检测机制。目前在企业网的远程接入环境中用得比较常见。

10.5　理解与实训

选择题

1. 锐捷路由器广域网链路默认封装类型是(　　)?
　　A. PPP　　　　　　B. HDLC　　　　　　C. PAP　　　　　　D. CHAP
2. 下列哪项对 PPP 的特点的说法正确的是(　　)?
　　A. PPP 支持在同异步链路　　　　　B. PPP 支持身份验证
　　C. PPP 可以对网络地址进行协商　　D. 以上都是
3. 下面对 PPP PAP 验证的描述,正确的是(　　)?
　　A. PAP 验证是二次握手协议
　　B. PAP 的用户名是明文的,但是密码是机密的
　　C. PAP 的用户名是密文的,但是密码是明密的
　　D. PAP 的用户名和密码都是密文的
4. 在配置完 PAP 认证后,发现协议层处于 down,可能的原因有(　　)。
　　A. 主认证方没有创建认证用户
　　B. 被认证方发送了错误的账号密码
　　C. 广域网端口封装协议没有配置为 PPP

D. 以上都是

5. 下面对PPP和CHAP验证的描述，正确的是（　　）？
A. CHAP验证是二次握手协议
B. CHAP验证是三次握手协议
C. CHAP的用户名是明文的，但是密码是机密的
D. CHAP的用户名是密文的，但是密码是明文的

填空题

1. PPP协议的会话主要分为＿＿＿＿、＿＿＿＿和＿＿＿＿三个过程。
2. PPP协议主要工作在＿＿＿＿层、＿＿＿＿层、＿＿＿＿层。
3. 使用＿＿＿＿命令可以查看端口S3/0端口封装类型。

问答题

1. PPP协议有什么特点？
2. 相比于PAP认证，CHAP认证有什么区别和优点？
3. CHAP单向认证和双向认证有什么区别？

实训任务

某公司设有员工部、行政部、采购部、销售部四个部门。公司局域网如图10.18所示。PC1属于员工部门的计算机，PC2属于行政部门的计算机，PC3属于采购部门的计算机，PC4属于销售部门的计算机，分别属于VLAN 100、VLAN 200、VLAN 300和VLAN 400。R1、R2和R3通过串口相连，为了提高串口之间的安全性，R1和R2之间使用了PAP的双向认证，R1和R2既为主认证方又为被认证方，认证的用户名为sxvtc，密码为888888。R2和R3之间使用CHAP的单向认证，R3为主验证方，用户名为wlsbpz，密码为321321。三层交换机SW3和路由器R1、R2、R3之间运行RIPv2路由协议。若你是公司的网络管理员，要求进行合理的设置使得全网互通。

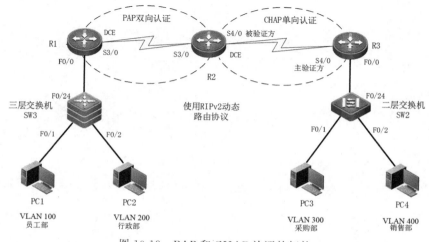

图10.18　PAP和CHAP认证的拓扑

公司局域网的 IP 地址规划如表 10.2 所示。

表 10.2 IP 地址规划

设备名称	IP 地址	子网掩码	网关
三层交换机 SW3 的 F0/24	66.66.66.1	255.255.255.0	
SW3 的 SVI VLAN 100	192.168.100.1	255.255.255.0	
SW3 的 SVI VLAN 200	192.168.200.1	255.255.255.0	
R1 的 F0/0	66.66.66.2	255.255.255.0	
R1 的 S3/0	12.1.1.1	255.255.255.252	
R2 的 S3/0	12.1.1.2	255.255.255.252	
R2 的 S4/0	23.1.1.1	255.255.255.252	
R3 的 S4/0	23.1.1.2	255.255.255.252	
R3 的 F0/0.300	192.168.130.1	255.255.255.0	
R3 的 F0/0.400	192.168.140.1	255.255.255.0	
局域网计算机 PC1	192.168.100.100	255.255.255.0	192.168.100.1
局域网计算机 PC2	192.168.200.200	255.255.255.0	192.168.200.1
局域网计算机 PC3	192.168.130.130	255.255.255.0	192.168.130.1
局域网计算机 PC4	192.168.140.140	255.255.255.0	192.168.140.1

项目十一

DHCP 和 DHCP 中继的配置

教学目标

1. 了解 DHCP 协议的概念；
2. 掌握 DHCP 协议的工作原理；
3. 掌握 DHCP 协议的配置方法；
4. 掌握 DHCP 中继的工作原理；
4. 掌握 DHCP 中继的配置方法。

11.1 项目内容

某公司设有员工部、行政部、经理部三个部门。PC1 和 PC2 分别为员工部门的计算机和行政部门的计算机，属于 VLAN 10 和 VLAN 20，PC3 是经理部门的计算机。三层交换机 SW、路由器 R1 和路由器 R2 之间配置 OSPF 动态路由协议，使得全网贯通。

因 PC1 和 PC2 使用的是自动获取 IP 地址，需在路由器上开启 DHCP 功能，但是 PC1、PC2 和路由器不在同一个网段，还需配置 DHCP 中继功能。本项目通过在三层设备上配置 DHCP 和 DHCP 中继功能，使得计算机可以自动获取 IP 地址。

11.2 相关知识

为了实现计算机能够自动获取 IP 地址的功能，需要使用 DHCP 和 DHCP 中继技术。为此，需要先了解 DHCP 协议概念、原理和特点、DHCP 的基本配置命令、DHCP 中继、DHCP 中继配置命令等知识。

11.2.1 DHCP 协议的概念

随着网络的快速发展，传统的手工配置 IP 地址存在着很多问题，如大型公司的 IP 地址若用手工分配将极大增加管理员的工作量，而且可能由于 IP 输入

DHCP 协议的概念与工作原理

的错误导致 IP 地址冲突；一旦对 IP 地址进行改变时，又要手动更改每台计算机的 IP 地址，造成效率低下。为了解决以上的问题，DHCP 协议应运而生。

DHCP(Dynamic Host Configuration Protocol，动态主机配置协议)能够动态为主机分配 IP 地址，并设定主机的其他信息，如默认网关、DNS 服务器地址等。DHCP 运行在客户机/服务器模式，服务器负责集中管理 IP 地址等配置信息，客户机使用从服务器获得的 IP 地址等配置信息与外部主机进行通信。DHCP 协议报文采用 UDP 方式封装，DHCP 服务器侦听的端口号为 67，客户机的端口为 68。

11.2.2 DHCP 协议的特点

(1) 即插即用：在一个通过 DHCP 实现 IP 地址分配和管理的网络中，客户端无须配置即可自动获取所需要的网络参数，使网络管理员配置 IP 的工作量大大降低。

(2) 统一管理：在 DHCP 协议中，由服务器对客户端的所有配置信息进行统一的管理。服务器通过监听客户端的请求，根据预先配置的策略给予相应的回复，将设置好的 IP 地址、子网掩码、默认网关等参数分配给用户。

(3) 有效利用 IP 地址资源：在 DHCP 协议中，服务器可以设定所分配 IP 地址资源的使用期限。使用期限到期后的 IP 地址资源可以由服务器进行回收。

11.2.3 DHCP 的工作原理

DHCP 服务器和客户机的信息交互分为 4 个阶段。

(1) 发现阶段：DHCP 客户端在它所在的本地物理子网中广播一个 DHCP Discover 报文，目的是寻找能够分配 IP 地址的 DHCP 服务器。此报文可以包含 IP 地址和 IP 地址租约的建议值。

(2) 提供阶段：本地物理子网中的所有 DHCP 服务器都将通过 DHCP Offer 报文来回应 DHCP Discover 报文。DHCP Offer 报文包括了可用网络地址和其他 DHCP 配置参数。当 DHCP 服务器分配新的地址时，应该确认提供的网络地址没有被其他 DHCP 客户端使用(DHCP 服务器可以通过发送指向被分配地址的 ICMP Echo Request 来确认被分配的地址没有被使用)。然后 DHCP 服务器发送 DHCP Offer 报文给 DHCP 客户端。

(3) 选择阶段：DHCP 客户端收到一个或多个 DHCP 服务器发送的 DHCP Offer 报文后将从多个 DHCP 服务器中选择一个，并且广播 DHCP Request 报文来表明哪个 DHCP 服务器被选择，同时也可以包括其他配置参数的期望值。

如果 DHCP 客户端在一定时间后依然没有收到 DHCP Offer 报文，那么它就会重新发送 DHCP Discover 报文。

(4) 确认阶段：DHCP 服务器收到 DHCP 客户端的 DHCP Request 广播报文后，发送 DHCP ACK 报文作为回应，其中包含 DHCP 客户端的配置参数。DHCP ACK 报文中的配置参数不能和以前相应 DHCP 客户端的 DHCP Offer 报文中的配置参数有冲突。如果因请求的地址已经被分配等情况导致被选择的 DHCP 服务器不能满足需求，DHCP 服务器应该回应一个 DHCP NAK 报文。

DHCP 协议的工作过程如图 11.1 所示。

项目十一 DHCP 和 DHCP 中继的配置

图 11.1 DHCP 协议的工作过程

当 DHCP 客户机租期达到 50% 时,重新更新租约,客户机必须发送 DHCP Request 包;当租约达到 87.5% 时,进入重新申请状态,客户机必须发送 DHCP Discover 包。

客户机使用 ipconfig/renew 命令向 DHCP 服务器发送 DHCP Request 包。如果 DHCP 服务器没有响应,客户机将继续使用当前的配置;如果更换 IP 地址就要使用 IP 租约释放的话需要在客户机上使用 ipconfig/release 命令使 DHCP 客户机向 DHCP 服务器发送 DHCP Release 包并释放其租约。

11.2.4 DHCP 基本配置命令

1. 开启 DHCP 服务

Router(config)# service dhcp   //开启 DHCP 服务

2. 创建 DHCP 地址池

① Router(config)# ip dhcp pool pool-name   // pool-name 是地址池名,由字母、数字组成

② Router(dhcp-config)#

地址池是一个可分配给客户端的地址空间,DHCP 按顺序分配地址池中的地址给客户端。分配的地址带有租约期限,当租约快到期时,客户端必须进行续租,否则服务器会收回该地址。这条命令用于配置地址池名并进入 DHCP 配置模式,允许定义多个地址池,用名字进行区分。

3. 定义 IP 地址池范围

Router(dhcp-config)# network network-number mask

network 命令用于指定地址池子网,network-number 是网络号。mask 是掩码。如果省略 mask,则使用默认掩码。在 DHCP 地址池中放置的是整个一个网段,默认情况下,该网段的所有地址都可以分配给客户机,可以通过配置地址排除,把其中部分地址排除在外。

4. 配置客户端使用的默认网关

Router(dhcp-config)# default-router address

这条命令用于配置客户端使用的默认网关,它必须和客户机的地址在同一个网段中。可以配置多个网关。

5. 配置 DNS 服务器地址

① Router(dhcp-config)# dns-server address   //为客户端配置 DNS 服务器的地址

② Router(dhcp-config)# exit

6. 配置排除的地址

Router(config)#ip dhcp excluded-address start-address end-address

排除的地址是为路由器、服务器等保留的地址，这些地址不会分配给客户端。start-address 是起始地址，end-address 是结束地址。如果没有 end-address，则排除的是单一的地址。注意排除地址是在全局配置模式中配置，不是在 DHCP 配置模式中配置。排除的地址范围可配置多个，用 no 命令可删除指定的地址段。

操作示例 1： 如图 11.2 所示，路由器 R1 为网络中的 DHCP 服务器，PC1 和 R1 的 F0/0 端口相连，要求 PC1 能够获取得 192.168.10.0/24 网段的 IP 地址，获取网关地址为 192.168.10.1，DNS 服务器的地址为 192.168.10.100。

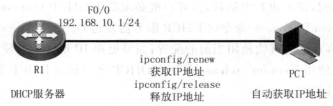

图 11.2　DHCP 获取 IP

1. 在路由器 R1 上配置基本 IP 地址，命令如下：

```
Router>enable
Router#config t
Router(config)#hostname R1                              //将路由器命名为 R1
R1(config)#int fastEthernet 0/0                         //为端口 F0/0 配置 IP 地址
R1(config-if)#ip address 192.168.10.1 255.255.255.0
R1(config-if)#no shutdown
R1(config-if)#exit
R1(config)#
```

2. 路由器 R1 开启 DHCP 服务，配置分配的 IP 网段、网关和 DNS 地址，命令如下：

```
R1(config)#service dhcp                                 //开启 DHCP 服务
R1(config)#ip dhcp pool abc                             //创建名称为 abc 的 DHCP 地址池
R1(dhcp-config)#network 192.168.10.0 255.255.255.0      //配置分配给客户机的网段
R1(dhcp-config)#default-router 192.168.10.1             //配置分配给客户机的默认网关
R1(dhcp-config)#dns-server 192.168.10.100               //配置分配给客户机的 DNS 地址
R1(dhcp-config)#exit
```

3. PC1 使用 ipconfig/renew 命令获取 IP 地址。如图 11.3 所示，PC1 获得 192.168.10.2/24 的 IP 地址，网关地址为 192.168.10.1，DNS 地址为 192.168.10.100。

操作示例 2： 如图 11.4 所示，路由器 R1 为网络中的 DHCP 服务器，PC1 和 R1 的 F0/0 端口相连，PC2 和 R1 的 F0/1 端口相连，要求 PC1 能够获取得 172.16.1.0/24 网段的 IP 地址，获取网关地址为 172.16.1.1，DNS 服务器的地址为 172.16.1.1。PC2 能够获取得 172.16.2.0/24 网段的 IP 地址，获取网关地址为 172.16.2.1，DNS 服务器的地址为 172.16.2.1。

项目十一 DHCP 和 DHCP 中继的配置

```
PC>ipconfig /renew

IP Address......................: 192.168.10.2
Subnet Mask.....................: 255.255.255.0
Default Gateway.................: 192.168.10.1
DNS Server......................: 192.168.10.100

PC>ping 192.168.10.1

Pinging 192.168.10.1 with 32 bytes of data:

Reply from 192.168.10.1: bytes=32 time=9ms TTL=255
Reply from 192.168.10.1: bytes=32 time=3ms TTL=255
Reply from 192.168.10.1: bytes=32 time=1ms TTL=255
Reply from 192.168.10.1: bytes=32 time=3ms TTL=255

Ping statistics for 192.168.10.1:
    Packets: Sent = 4, Received = 4, Lost = 0 (0% loss),
Approximate round trip times in milli-seconds:
    Minimum = 1ms, Maximum = 9ms, Average = 4ms
```

图 11.3　PC1 获取到 IP 地址

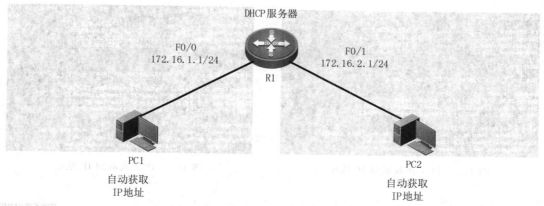

图 11.4　PC 机获取不同网段的 IP 地址

1. 在路由器 R1 上配置基本 IP 地址，命令如下：

Router＞enable

Router＃config t

Router(config)＃hostname R1

R1(config)＃int f0/0　　　　　　　　　　　　　　　　　　　//配置端口 F0/0 的 IP 地址

R1(config-if)＃ip address 172.16.1.1 255.255.255.0

R1(config-if)＃no shutdown

R1(config-if)＃exit

R1(config)＃int fastEthernet 0/1　　　　　　　　　　　　　//配置端口 F0/1 的 IP 地址

R1(config-if)＃ip address 172.16.2.1 255.255.255.0

R1(config-if)＃no shutdown

R1(config-if)＃exit

R1(config)＃

2. 路由器 R1 开启 DHCP 服务，配置分配的 IP 网段、网关和 DNS 地址，命令如下：

R1(config)＃service dhcp　　　　　　　　　　　　　　　　　　　　　//开启 DHCP 服务

```
R1(config)#ip dhcp pool wd1                              //创建名为 wd1 的 DHCP 地址池
R1(dhcp-config)#network 172.16.1.0 255.255.255.0         //分配给 PC1 的网段地址
R1(dhcp-config)#default-router 172.16.1.1                //配置分配给 PC1 的默认网关
R1(dhcp-config)#dns-server 172.16.1.1                    //配置分配给 PC1 的 DNS 地址
R1(dhcp-config)#exit
R1(config)#ip dhcp pool wd2                              //创建名为 wd2 的 DHCP 地址池
R1(dhcp-config)#network 172.16.2.0 255.255.255.0         //分配给 PC2 的网段地址
R1(dhcp-config)#default-router 172.16.2.1                //配置分配给 PC2 的默认网关
R1(dhcp-config)#dns-server 172.16.2.1                    //配置分配给 PC2 的 DNS 地址
R1(dhcp-config)#exit
R1(config)#
```

3. PC1 和 PC2 使用 ipconfig /renew 命令获取 IP 地址。如图 11.5 所示，PC1 获得 172.16.1.2/24 的 IP 地址，网关地址和 DNS 地址为 172.16.1.1，如图 11.6 所示，PC2 获得 172.16.2.2/24 的 IP 地址，网关地址和 DNS 地址为 172.16.2.1。PC1 和 PC2 可以相互通信。

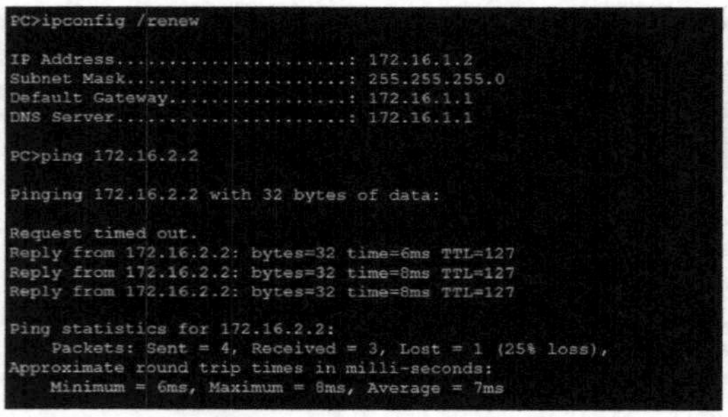

图 11.5　PC1 获取取到 IP 地址　　　　　　图 11.6　PC2 获取到 IP 地址

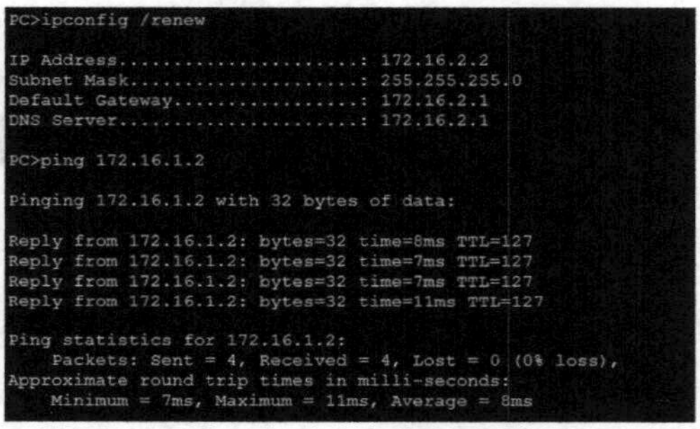

11.2.5　DHCP 中继

DHCP 中继的工作原理

由于在 IP 地址动态获取过程中采用广播方式发送报文，这些广播报文无法跨越路由器，因此 DHCP 只适用于 DHCP 服务器和 DHCP 客户机在同一个子网内的情况。当网络中有多个子网时，需要搭建多个 DHCP 服务器，显然这样是不经济的。

DHCP 中继功能的引入解决了这一难题。客户机可以通过 DHCP 中继与其他子网中 DHCP 服务器通信，获取 IP 地址。使用 DHCP 中继，不同子网的 DHCP 客户机可以使用同一个 DHCP 服务器，既节约了成本又便于集中管理。

DHCP 中继原理如下：

（1）具有 DHCP 中继功能的网络设备收到 DHCP 客户机与广播方式发送的 DHCP Discover 或者 DHCP Request 报文后，根据配置将报文单播转发给指定的 DHCP 服务器。

（2）DHCP 服务器进行 IP 地址分配，并通过 DHCP 中继将配置信息广播发送给客户机，完成对可客户机的动态配置。

DHCP 中继原理如图 11.7 所示。

项目十一 DHCP 和 DHCP 中继的配置

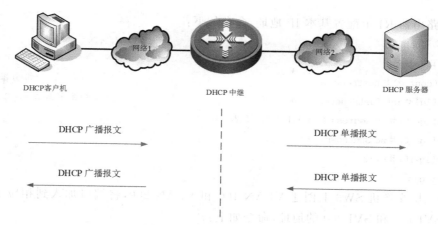

图 11.7 DHCP 中继工作原理

11.2.6 DHCP 中继配置命令

DHCP 中继配置命令与示例

1. 开启 DHCP 服务

Router(config)#service dhcp   //配置 DHCP 中继需要先开启 DHCP 服务

2. 配置 DHCP 中继

① Router(config)#interface slot-number/interface-number   //进入到端口配置模式
② Router(config-if)#ip help-address dhcp-server-ip   //指定 DHCP 服务器的地址

或者如果划分有 VLAN，不同 VLAN 需要获取不同网段的 IP 地址，DHCP 服务不在三层交换机上，则要在三层交换机的 SVI 接口下配置 DHCP 中继。

① Switch(config)#interface vlan vlan-id   //进入 VLAN 的 SVI 接口配置模式
② Switch(config-if)#ip help-address dhcp-server-ip   //指定 DHCP 服务器的地址

操作示例：如图 11.8 所示，路由器 R1 为网络中的 DHCP 服务器，R1 的 F0/0 端口和三层交换机的 F0/1 端口相连。PC1 和 PC2 分别与三层交换机的 F0/2 和 F0/3 端口相连，PC1 属于 VLAN 100，PC2 属于 VLAN 200。SVI 100 的地址为 192.168.100.1/24，SVI 200 的地址为 192.168.200.1/24。若你是网络管理员，需要在 R1 和 SW3 进行合理的配置，使得 PC1 能够获取 192.168.100.0/24 网段的 IP 地址，PC2 能够获取 192.168.200.0/24 网段的 IP 地址。

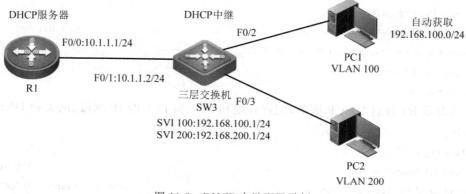

图 11.8 DHCP 中继配置示例

1. 在路由器 R1 上配置基本 IP 地址，命令如下：

```
Router>enable
Router#config t
Router(config)#hostname R1                              //路由器命名为R1
R1(config)#int fastEthernet 0/0                         //配置端口F0/0的IP地址
R1(config-if)#ip address 10.1.1.1 255.255.255.0
R1(config-if)#no shutdown
R1(config-if)#exit
R1(config)#
```

2. 在三层交换机 SW3 上创建 VLAN 100 和 VLAN 200，将端口加入到相应的 VLAN 中，创建 SVI 100 和 SVI 200 的地址，命令如下：

```
Switch>enable
Switch#config t
Switch(config)#hostname SW3
SW3(config)#vlan 100                                    //创建VLAN 100
SW3(config-vlan)#exit
SW3(config)#vlan 200                                    //创建VLAN 200
SW3(config-vlan)#exit
SW3(config)#int fastEthernet 0/2
SW3(config-if)#switchport access vlan 100               //端口F0/2加入到VLAN 100中
SW3(config-if)#exit
SW3(config)#int fastEthernet 0/3
SW3(config-if)#switchport access vlan 200               //端口F0/3加入到VLAN 200中
SW3(config-if)#exit
SW3(config)#int f0/1
SW3(config-if)#no switchport
SW3(config-if)#ip address 10.1.1.2 255.255.255.0
SW3(config-if)#exit
SW3(config)#int vlan 100                                //配置SVI 100的IP地址
SW3(config-if)#ip address 192.168.100.1 255.255.255.0
SW3(config-if)#exit
SW3(config)#int vlan 200                                //配置SVI 200的IP地址
SW3(config-if)#ip address 192.168.200.1 255.255.255.0
SW3(config-if)#exit
SW3(config)#
```

3. 路由器 R1 开启 DHCP 服务，配置分配和 PC1 和 PC2 的 IP 网段、网关和 DNS 地址，命令如下：

```
R1#config t
R1(config)#service dhcp                                 //开启DHCP服务
R1(config)#ip dhcp pool vlan100                         //创建名为vlan100的DHCP地址池
R1(dhcp-config)#network 192.168.100.0 255.255.255.0     //分配给PC1的网段地址
```

```
R1(dhcp-config)#default-router 192.168.100.1          //配置分配给 PC1 的默认网关
R1(dhcp-config)#dns-server 192.168.100.1              //配置分配给 PC1 的 DNS 地址
R1(dhcp-config)#exit
R1(config)#ip dhcp pool vlan200                       //创建名为 vlan200 的 DHCP 地址池
R1(dhcp-config)#network 192.168.200.0 255.255.255.0   //分配给 PC2 的网段地址
R1(dhcp-config)#default-router 192.168.200.1          //配置分配给 PC2 的默认网关
R1(dhcp-config)#dns-server 192.168.200.1              //配置分配给 PC2 的 DNS 地址
R1(dhcp-config)#exit
R1(config)#ip route 0.0.0.0 0.0.0.0 10.1.1.2          //配置默认路由指向三层交换机的 F0/1
```

4. 三层交换机 SW3 开启 DHCP 中继，使 PC1 和 PC2 能够获取到 IP 地址，命令如下：

```
SW3(config)# service dhcp                             //开启 DHCP 服务
SW3(config)#int vlan 100
SW3(config-if)#ip helper-address 10.1.1.1             //配置 DHCP 中继，指定 DHCP 的地址
SW3(config-if)#exit
SW3(config)#int vlan 200
SW3(config-if)#ip helper-address 10.1.1.1             //配置 DHCP 中继，指定 DHCP 的地址
SW3(config-if)#exit
```

5. PC1 和 PC2 使用 ipconfig /renew 命令获取 IP 地址。如图 11.9 所示，PC1 获得 192.168.100.2/24 的 IP 地址，网关地址和 DNS 地址为 192.168.100.1，如图 11.10 所示，PC2 获得 192.168.200.2/24 的 IP 地址，网关地址和 DNS 地址为 192.168.200.1。PC1 和 PC2 可以相互通信。

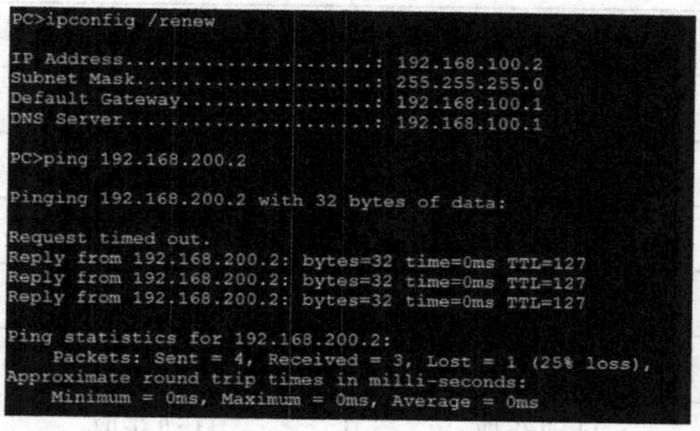

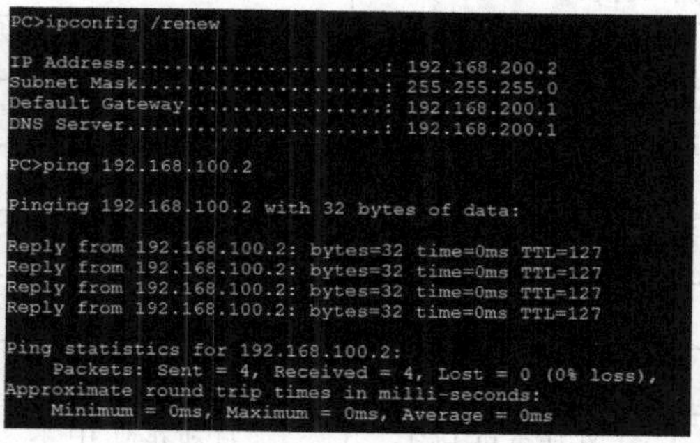

```
PC>ipconfig /renew

IP Address......................: 192.168.100.2
Subnet Mask.....................: 255.255.255.0
Default Gateway.................: 192.168.100.1
DNS Server......................: 192.168.100.1

PC>ping 192.168.200.2

Pinging 192.168.200.2 with 32 bytes of data:

Request timed out.
Reply from 192.168.200.2: bytes=32 time=0ms TTL=127
Reply from 192.168.200.2: bytes=32 time=0ms TTL=127
Reply from 192.168.200.2: bytes=32 time=0ms TTL=127

Ping statistics for 192.168.200.2:
    Packets: Sent = 4, Received = 3, Lost = 1 (25% loss),
Approximate round trip times in milli-seconds:
    Minimum = 0ms, Maximum = 0ms, Average = 0ms
```

图 11.9 PC1 获取到 IP 地址

```
PC>ipconfig /renew

IP Address......................: 192.168.200.2
Subnet Mask.....................: 255.255.255.0
Default Gateway.................: 192.168.200.1
DNS Server......................: 192.168.200.1

PC>ping 192.168.100.2

Pinging 192.168.100.2 with 32 bytes of data:

Reply from 192.168.100.2: bytes=32 time=0ms TTL=127
Reply from 192.168.100.2: bytes=32 time=0ms TTL=127
Reply from 192.168.100.2: bytes=32 time=0ms TTL=127
Reply from 192.168.100.2: bytes=32 time=0ms TTL=127

Ping statistics for 192.168.100.2:
    Packets: Sent = 4, Received = 4, Lost = 0 (0% loss),
Approximate round trip times in milli-seconds:
    Minimum = 0ms, Maximum = 0ms, Average = 0ms
```

图 11.10 PC2 获取到 IP 地址

11.3 工作任务示例

DHCP 和 DHCP 中继工作任务示例

某公司设有员工部、行政部、经理部三个部门。公司局域网如图 11.11 所示。PC1 是员工部门的计算机，属于 VLAN 10。PC2 是行政部门的计算机，属于 VLAN 20。PC3 是经理部门的计算机。PC1 与三层交换机 SW 的 F0/1 端口相连，PC2 与三层交换机 SW 的 F0/5 相连。三层交换机 SW 的 F0/10 端口与路由器 R1 的 F0/1 端口相连，路由器 R1 的 S3/0 和路由器 R2 的 S3/0 相连，R1 的 S3/0 为 DCE 端。PC3 与路由器 R2 的 F0/0 相连。三层交换机 SW、路由器 R1 和路由器 R2 之间使用 OSPF 动态

路由协议。

路由器 R2 为 DHCP 服务器，为员工部 PC1 和行政部 PC2 分配 IP 地址，三层交换机 SW 开启 DHCP 中继功能。若你是公司的网络管理员，要求进行合理设置使得 PC1 和 PC2 能够自动获取到 IP 地址并全网贯通。

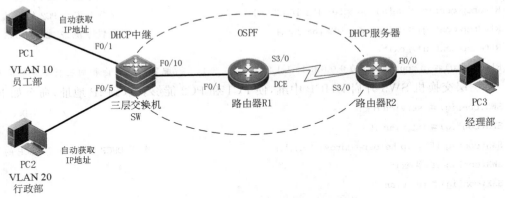

图 11.11　DHCP 和 DHCP 中继拓扑结构

公司局域网的 IP 地址规划如表 11.1 所示。

表 11.1　IP 地址规划表

设备名称	IP 地址	子网掩码	网关
三层交换机 SW 的 F0/10	10.1.1.1	255.255.255.252	
SW 的 SVI VLAN 10	192.168.10.254	255.255.255.0	
SW 的 SVI VLAN 20	192.168.20.254	255.255.255.0	
R1 的 F0/1	10.1.1.2	255.255.255.252	
R1 的 S3/0	20.1.1.1	255.255.255.252	
R2 的 S3/0	20.1.1.2	255.255.255.252	
R2 的 F0/0	66.66.66.1	255.255.255.0	
员工部计算机 PC1	自动获取 IP	自动获取	自动获取
行政部计算机 PC2	自动获取 IP	自动获取	自动获取
经理部计算机 PC3	66.66.66.66	255.255.255.0	66.66.66.1

🗨 任务目标

1. 在 SW3 上创建 VLAN 10 和 VLAN 20，配置 VLAN 10、VLAN 20 和端口 F0/10 的 IP 地址。

2. R1 和 R2 设置基本 IP 地址。

3. SW、R1 和 R2 配置 OSPF 动态路由。

项目十一　DHCP 和 DHCP 中继的配置

4. R2 上配置 DHCP 服务,配置分配和 PC1 和 PC2 的 IP 网段、网关和 DNS 地址。

5. SW 上开启 DHCP 中继,使 PC1 和 PC2 能够自动获取 IP 地址。

6. 将 PC1 和 PC2 开启自动获取,PC3 的 IP 地址配置为 66.66.66.66/24。检查 PC1 和 PC2 的 IP 地址获取情况,测试 PC1 和 PC3 相互通信的情况。

具体实施步骤

步骤 1　在三层交换机 SW 上创建 VLAN 10 和 VLAN 20,配置 VLAN 10、VLAN 20 和端口 F/10 的 IP 地址。

```
S3760_01>enable
S3760_01#config t
S3760_01(config)#hostname SW                                //三层交换机命名为 SW
SW(config)#vlan 10
SW(config-vlan)#exit
SW(config)#vlan 20
SW(config-vlan)#exit
SW(config)#int fastEthernet 0/1                             //将端口 F0/1 加入到 VLAN 10 中
SW(config-if-FastEthernet 0/1)#switchport access vlan 10
SW(config-if-FastEthernet 0/1)#exit
SW(config)#int fastEthernet 0/5                             //将端口 F0/5 加入到 VLAN 20 中
SW(config-if-FastEthernet 0/5)#switchport access vlan 20
SW(config-if-FastEthernet 0/5)#exit
SW(config)#int vlan 10                                      //设置 SVI 10 的 IP 地址
SW(config-if-VLAN 10)#ip address 192.168.10.254 255.255.255.0
SW(config-if-VLAN 10)#exit
SW(config)#int vlan 20                                      //设置 SVI 20 的 IP 地址
SW(config-if-VLAN 20)#ip address 192.168.20.254 255.255.255.0
SW(config-if-VLAN 20)#exit
SW(config)#int fastEthernet 0/10                            //设置端口 F0/10 的 IP 地址
SW(config-if-FastEthernet 0/10)#no switchport               //将端口设置为路由模式
SW(config-if-FastEthernet 0/10)#ip address 10.1.1.1 255.255.255.252
SW(config-if-FastEthernet 0/10)#exit
SW(config)#exit
SW#show ip int b                                            //查看 SW 的 IP 地址
Interface              IP-Address(Pri)       OK?       Status
FastEthernet 0/10      10.1.1.1/30           YES       UP
VLAN 10                192.168.10.254/24     YES       UP
VLAN 20                192.168.20.254/24     YES       UP
```

步骤 2　R1 设置基本 IP 地址。

```
RSR20_01>enable
RSR20_01#config t
```

```
RSR20_01(config)# hostname R1                                              //将路由器命名为 R1
R1(config)# int f0/1                                                       //为端口 F0/1 配置 IP 地址
R1(config-if-FastEthernet 0/1)# ip address 10.1.1.2 255.255.255.252
R1(config-if-FastEthernet 0/1)# no shutdown                                //激活端口
R1(config-if-FastEthernet 0/1)# exit
R1(config)# int s3/0                                                       //为端口 S3/0 配置 IP 地址
R1(config-if-Serial 3/0)# ip address 20.1.1.1 255.255.255.252
R1(config-if-Serial 3/0)# clock rate 64000                                 //DCE 端配置时钟频率
R1(config-if-Serial 3/0)# no shutdown                                      //激活端口
R1(config-if-Serial 3/0)# end
R1# show ip int b                                                          //查看 R1 的 IP 地址
Interface              IP-Address(Pri)      OK?      Status
Serial 3/0             20.1.1.1/30          YES      UP
FastEthernet 0/0       no address           YES      DOWN
FastEthernet 0/1       10.1.1.2/30          YES      UP
```

步骤 3 **R2 设置基本 IP 地址。**

```
RSR20_02>enable
RSR20_02# config t
RSR20_02(config)# hostname R2                                              //将路由器命名为 R2
R2(config)# int s3/0                                                       //为端口 S3/0 配置 IP 地址
R2(config-if-Serial 3/0)# ip address 20.1.1.2 255.255.255.252
R2(config-if-Serial 3/0)# no shutdown                                      //激活端口
R2(config-if-Serial 3/0)# exit
R2(config)# int f0/0                                                       //为端口 F0/0 配置 IP 地址
R2(config-if-FastEthernet 0/0)# ip address 66.66.66.1 255.255.255.0
R2(config-if-FastEthernet 0/0)# no shutdown                                //激活端口
R2(config-if-FastEthernet 0/0)# end
R2# show ip int b                                                          //查看 R2 的 IP 地址
Interface              IP-Address(Pri)      OK?      Status
Serial 3/0             20.1.1.2/30          YES      UP
Serial 4/0             no address           YES      DOWN
FastEthernet 0/0       66.66.66.1/24        YES      UP
FastEthernet 0/1       no address           YES      DOWN
```

步骤 4 **SW 配置 OSPF 动态路由。**

```
SW# config t
SW(config)# route ospf 100                                                 //SW 开启 OSPF 路由协议,宣告网段
SW(config-router)# network 10.1.1.0 0.0.0.3 area 0
SW(config-router)# network 192.168.10.0 0.0.0.255 area 0
SW(config-router)# network 192.168.20.0 0.0.0.255 area 0
SW(config-router)# exit
SW(config)#
```

项目十一　DHCP 和 DHCP 中继的配置

步骤 5　R1 配置 OSPF 动态路由。

```
R1#config t
R1(config)#route ospf 100                                    //R1 开启 OSPF 路由协议，宣告网段
R1(config-router)#network 20.1.1.0 0.0.0.3 area 0
R1(config-router)#network 10.1.1.0 0.0.0.3 area 0
R1(config-router)#exit
```

步骤 6　R2 配置 OSPF 动态路由。

```
R2#config t
R2(config)#route ospf 100                                    //R2 开启 OSPF 路由协议，宣告网段
R2(config-router)#network 20.1.1.0 0.0.0.3 area 0
R2(config-router)#network 66.66.66.0 0.0.0.255 area 0
R2(config-router)#end
R2#show ip route                                             //查看 R2 的路由表，已经学习到全网路由
Codes: C-connected, S-static, R-RIP, B-BGP
       O-OSPF, IA-OSPF inter area
       N1-OSPF NSSA external type 1, N2-OSPF NSSA external type 2
       E1-OSPF external type 1, E2-OSPF external type 2
       i-IS-IS, su-IS-IS summary, L1-IS-IS level-1, L2-IS-IS level-2
       ia-IS-IS inter area, *-candidate default
Gateway of last resort is no set
O    10.1.1.0/30 [110/51] via 20.1.1.1, 00:01:10, Serial 3/0
C    20.1.1.0/30 is directly connected, Serial 3/0
C    20.1.1.2/32 is local host.
C    66.66.66.0/24 is directly connected, FastEthernet 0/0
C    66.66.66.1/32 is local host.
O    192.168.10.0/24 [110/52] via 20.1.1.1, 00:01:00, Serial 3/0
O    192.168.20.0/24 [110/52] via 20.1.1.1, 00:01:00, Serial 3/0
```

步骤 7　R2 上配置 DHCP 服务，配置分配 PC1 和 PC2 的 IP 网段、网关和 DNS 地址。

```
R2#config t
R2(config)#service dhcp                                      //R2 开启 DHCP 服务
R2(config)#ip dhcp pool vlan10                               //创建名为 vlan10 的 DHCP 地址池
R2(dhcp-config)#network 192.168.10.0 255.255.255.0           //分配给 PC1 的网段地址
R2(dhcp-config)#default-router 192.168.10.254                //配置分配给 PC1 的默认网关
R2(dhcp-config)#dns-server 192.168.10.254                    //配置分配给 PC1 的 DNS 地址
R2(dhcp-config)#exit
R2(config)#ip dhcp pool vlan20                               //创建名为 vlan20 的 DHCP 地址池
R2(dhcp-config)#network 192.168.20.0 255.255.255.0           //分配给 PC2 的网段地址
R2(dhcp-config)#default-router 192.168.20.254                //配置分配给 PC2 的默认网关
R2(dhcp-config)#dns-server 192.168.20.254                    //配置分配给 PC2 的 DNS 地址
R2(dhcp-config)#exit
```

步骤 8 SW 上开启 DHCP 中继，使 PC1 和 PC2 能够自动获取到 IP 地址。

```
SW#config t
SW(config)#service dhcp                              //SW 开启 DHCP 服务
SW(config)#int vlan 10
SW(config-if-VLAN 10)#ip helper-address 20.1.1.2
SW(config-if-VLAN 10)#exit
SW(config)#int vlan 20
SW(config-if-VLAN 20)#ip helper-address 20.1.1.2
SW(config-if-VLAN 20)#exit
```

步骤 9 将 PC1 和 PC2 开启自动获取，PC3 的 IP 地址配置为 66.66.66.66/24。检查 PC1 和 PC2 的 IP 地址获取情况，测试 PC1 和 PC3 相互通信的情况。设置如图 11.12 至图 11.17 所示。

图 11.12 PC1 开启自动获取 IP 地址

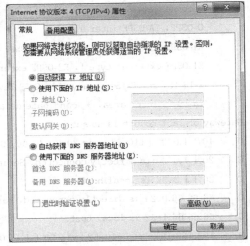
图 11.13 PC2 开启自动获取 IP 地址

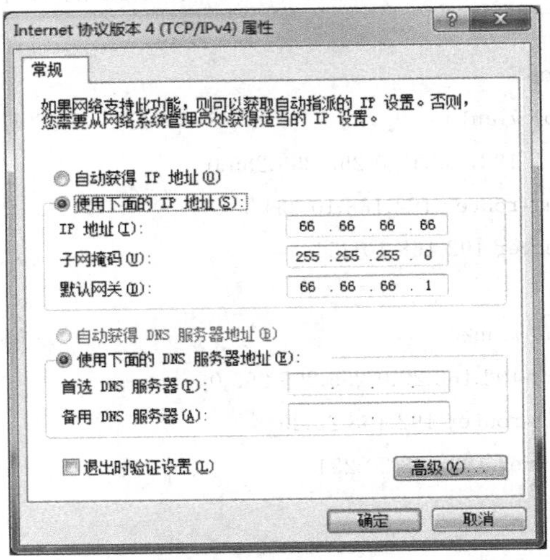

图 11.14 PC3 设置静态 IP 地址

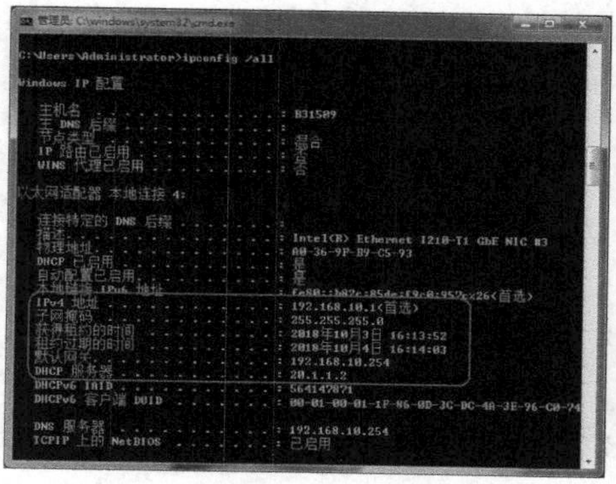

图 11.15 PC1 动态获取到 IP 地址

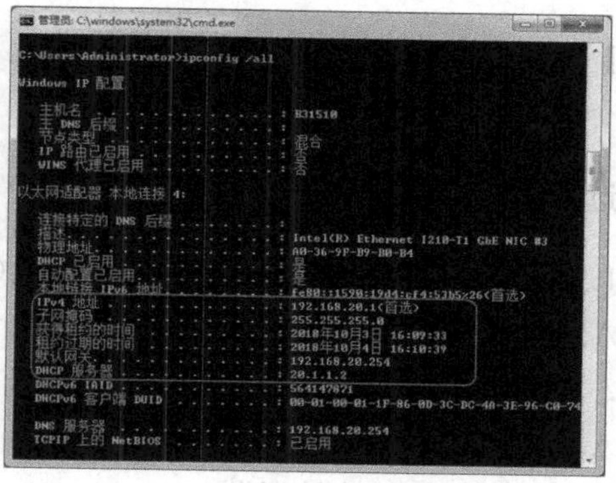

图 11.16 PC2 动态获取到 IP 地址

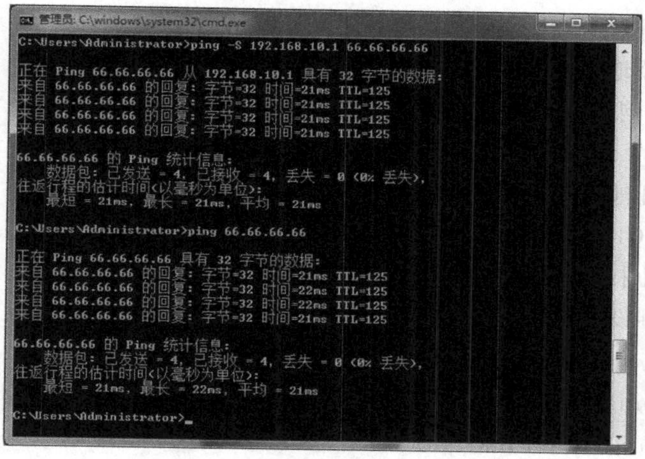

图 11.17 PC1 和 PC3 相互通信

11.4 项目小结

DHCP 的作用是为局域网中的计算机自动分配 IP 地址、子网掩码、网关、DNS 服务器地址等，优点是客户机无须配置，网络维护方便。

DHCP 中继就是在 DHCP 服务器和客户机之间转发 DHCP 数据包。当 DHCP 客户机与 DHCP 服务器不在同一个子网上，就必须有 DHCP 中继代理来转发 DHCP 请求和应答消息。DHCP 中继代理的数据转发，与通常路由转发是不同的，通常的路由转发相对来说是透明传输的，设备一般不会修改 IP 包内容。而 DHCP 中继代理接收到 DHCP 消息后，重新生成一个 DHCP 消息，然后转发出去。在 DHCP 客户机看来，DHCP 中继代理就像 DHCP 服务器；在 DHCP 服务器看来，DHCP 中继代理就像 DHCP 客户机。

11.5 理解与实训

选择题

1. DHCP 客户端向 DHCP 服务器发送（　　）报文进行 IP 租约的更新。
   A. DHCP Offer　　C. DHCP Release　　B. DHCP Ack　　D. DHCP Request
2. 使用 DHCP 协议有什么好处？（　　）
   A. 即插即用　　　　　　　　　　B. 统一管理
   C. 有效利用 IP 地址资源　　　　　D. 以上都是
3. 配置一个 DHCP 地址池一般需要配置什么？（　　）
   A. 分配网段　　　　　　　　　　B. 默认网关
   C. DNS 服务器地址　　　　　　　D. 以上都是
4. 在三层交换网络中配置完 DHCP 服务和中继后，发现有些内网客户机始终可以获取 IP 地址，有些则始终不能，可能的原因有（　　）。
   A. DHCP 地址池设置错误
   B. 未开启 DHCP 服务
   C. 有些客户机未划入指定 VLAN
   D. DHCP 中继设备和 DHCP 服务器路由不可达
5. 在路由器上开启 DHCP 服务的正确配置命令是什么？（　　）
   A. Router(config)# service dhcp
   B. Router(config)# dhcp service
   C. Router(config-if)# dhcp service
   B. Router(config-if)# service dhcp

填空题

1. 在 PC 中，可以手动使用_____和_____对 DHCP 获取的地址进行操作。
2. 一个复杂的 DHCP 网络系统由_____、_____和_____组成。
3. DHCP 服务器和客户机的信息交互分为_____阶段、_____阶段、_____阶段、_____阶段。

问答题

1. 请简述 DHCP 服务的工作原理？
2. 使用 DHCP 排除地址有什么作用？
3. DHCP 中继的原理是什么？一般在什么情况下使用？

实训任务

某公司设有员工部、行政部、经理部三个部门。公司局域网如图 11.18 所示。PC1 是员工部门的计算机,属于 VLAN 10。PC2 是行政部门的计算机,属于 VLAN 20。PC3 是经理部门的计算机。PC1 与三层交换机 SW 的 F0/1 端口相连,PC2 与三层交换机 SW3 的 F0/5 相连。三层交换机 SW3 的 F0/24 端口与路由器 R1 的 F0/1 端口相连,路由器 R1 的 S3/0 和路由器 R2 的 S3/0 相连,R1 的 S3/0 为 DCE 端。为了提高安全性,R1 的 S3/0 和 R2 的 S3/0 开启 CHAP 双向认证。PC3 与路由器 R2 的 F0/0 相连。三层交换机 SW3、路由器 R1 和路由器 R2 之间使用 OSPF 动态路由协议。

三层交换机 SW3 为 DHCP 服务器,为行政部 PC2 和经理部 PC3 分配 IP 地址,路由器 R2 开启 DHCP 中继功能。若你是公司的网络管理员,要求进行合理设置使得 PC2 和 PC3 能够自动获取到 IP 地址并全网贯通。

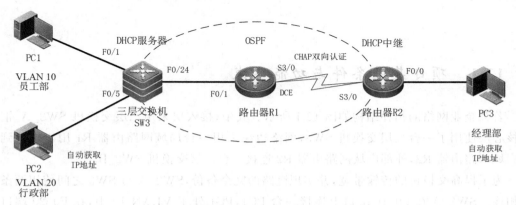

图 11.18 DHCP 和 DHCP 中继实训

公司局域网的 IP 地址规划如表 11.2 所示。

表 11.2 IP 地址规划表

设备名称	IP 地址	子网掩码	网关
三层交换机 SW3 的 F0/24	172.16.1.1	255.255.255.0	
SW3 的 SVI VLAN 10	192.168.10.254	255.255.255.0	
SW3 的 SVI VLAN 20	192.168.20.254	255.255.255.0	
R1 的 F0/1	172.16.1.2	255.255.255.0	
R1 的 S3/0	12.1.1.1	255.255.255.252	
R2 的 S3/0	12.1.1.2	255.255.255.252	
员工计算机 PC1	192.168.10.10	255.255.255.0	192.168.10.254
行政部计算机 PC2	自动获取 IP	自动获取	自动获取
经理部计算机 PC3	自动获取 IP	自动获取	自动获取

项目十二

中小型企业网络构建与调试

12.1 项目基础条件与功能要求

若某企业网络的拓扑结构如图 12.1 所示。其中,接入层采用二层交换机 SW2_A,汇聚和核心层使用了一台三层交换机 SW3,网络边缘采用一台局域网路由器 R1 用于连接到外部广域网路由器 R2,外部广域网路由器 R2 连接一台二层交换机 SW2_B。

为了提高交换机的传输带宽,并实现链路的冗余备份,SW2_A 与 SW3 之间使用两条链路相连。SW2_A 在 F0/10 端口上连接一台 PC1,PC1 处于 VLAN 10 中,在 F0/20 端口上连接一台 PC2,PC2 处于 VLAN 20 中。SW3 使用具有三层特性的物理端口 F0/24 与 R1 的 F0/1 相连,SW3 的端口 F0/23 连接一台内网的 WEB 服务器。R1 与 R2 使用串口 S3/0 相连,其中 R1 的 S3/0 为 DCE 端。R2 的 F0/0 端口上连接外网测试计算机 PC4,R2 的 F0/1 端口上连接二层交换机 SW2_B 的端口 F0/1。SW2_B 的端口 F0/2 上连接外网测试的 FTP 和 WEB 服务器,端口 F0/3 连接外网的测试计算机 PC3。在局域网路由器上设置 NAT 与 PAT,实现内网 WEB 服务器发布到外网,PC1 和 PC2 可以访问外网的服务器。PC3、PC4 可以访问内网的 WEB 服务器和外网的 FTP 与 WEB 服务器。

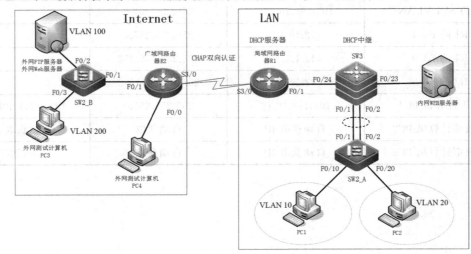

图 12.1 网络拓扑结构

对该网络的功能要求说明如下：

（1）R1 上配置 DHCP 服务器，要求 PC1 能够自动获取 IP 地址。

（2）为了实现网络资源的共享，要求内网 PC1 机和 PC2 能够相互访问。并且 PC1 能够通过网络连接到外部的 WEB 服务器和 FTP 服务器，能够进行 WEB 网页的浏览和对文件的上传和下载，同时也可以访问内部网络的 WEB 服务器，浏览公司的主页。

（3）PC2 可以访问内部网络的 WEB 服务器和外部网络的 FTP 服务器，能够进行文件的上传和下载，但是不允许访问外部的 WEB 服务器。

（4）外部网络的 PC3 和 PC4 既可以访问外部网络的 WEB 服务器和 FTP 服务器，能够进行 WEB 网页的浏览和文件的上传和下载，也可以访问内部网络的 WEB 服务器。

IP 地址规划表如表 12.1 所示。

表 12.1　IP 地址规划表

设备名称	IP 地址	子网掩码	网关
SW3 SVI VLAN 10	192.168.10.254	255.255.255.0	
SW3 SVI VLAN 20	192.168.20.254	255.255.255.0	
SW3 的 F0/23	192.168.30.254	255.255.255.0	
SW3 的 F0/24	172.16.1.1	255.255.255.0	
R1 的 F0/1	172.16.1.2	255.255.255.0	
R1 的 S3/0	66.66.66.1	255.255.255.0	
R2 的 S3/0	66.66.66.2	255.255.255.0	
R2 的 F0/1.100	200.96.10.1	255.255.255.0	
R2 的 F0/1.200	200.96.20.1	255.255.255.0	
R2 的 F0/0	111.111.111.1	255.255.255.0	
外网 WEB、FTP 服务器	200.96.10.10	255.255.255.0	200.96.10.1
外网测试计算机 PC3	200.96.20.20	255.255.255.0	200.96.20.1
内网 WEB 服务器	192.168.30.30	255.255.255.0	192.168.30.254
内网计算机 PC1	自动获取 IP	自动获取	自动获取
内网计算机 PC2	192.168.20.20	255.255.255.0	192.168.20.254
外网测试计算机 PC4	111.111.111.111	255.255.255.0	111.111.111.1

12.2　项目实施内容

1. 在二层交换机 SW2_A 上创建 VLAN，并把相应的端口加入到 VLAN 中。

2. 在二层交换机 SW2_A 上创建聚合端口 1，并把 F0/1 和 F0/2 端口加入到聚合端口中。

3. 在三层交换机 SW3 上创建聚合端口 1，并把 F0/1 和 F0/2 端口加入到聚合端口中。

4. 在三层交换机 SW3 上创建 VLAN，并设置 SVI 的地址和端口 F0/23、F0/24 的地址。

5. 在内网路由器 R1 上配置端口 IP 地址和时钟频率。

6. 在外网路由器 R2 上配置端口 IP 地址，并配置单臂路由协议，实现外网 PC3 访问外网的 WEB 和 FTP 服务器功能。

7. 在外网的二层交换机 SW2_B 上创建 VLAN，并把相应端口加入 VLAN 中。

8. 为 PC3 和 PC4 设置 IP 地址和网关等参数，测试 PC3 和 PC4 是否能够通信。

9. 在内网的三层交换机 SW3 上配置默认路由，将所有数据包发给 R1 的端口 F0/1 端口。

10. 在内网路由器 R1 上配置静态路由和默认路由。

11. 在内网路由器 R1 上配置 DHCP 服务，配置分配 PC1 的 IP 网段、网关地址。

12. 在 SW3 上开启 DHCP 中继，使 PC1 能够自动获取到 IP 地址。

13. 为 PC1 和 PC2 设置 IP 地址和网关等参数，测试 PC1 和 PC2 是否能够通信。

14. 为 R1 和 R2 配置 CHAP 双向认证，采用对方名称为用户名，密码为 123123。

15. 在内网路由器 R1 上配置静态 NAT 转换将内网 FTP 服务器发布到 Internet 上。

16. 在内网路由器 R1 上配置 NAPT 使内网 PC1 和 PC2 可以访问外网的 WEB 和 FTP 服务器。

17. 在内网路由器 R1 使用访问控制列表，不允许内网计算机 PC2 访问外网的 WEB 服务器，只能访问内部和外网 FTP 服务器。

18. 在局域网 WEB 服务器、广域网 WEB、FTP 服务器上设置 IP 地址。

19. 在局域网服务器上发布 WEB 服务，在广域网服务器发布 WEB 和 FTP 服务。

20. 在内网计算机 PC1 和 PC2 上测试访问内网的 FTP 服务器和外网的 WEB、FTP 服务器。

21. 在外网计算机 PC3 和 PC4 上测试访问公司内部网络的 WEB 服务器和外网 WEB、FTP 服务器。

中小型企业网络构建与调试

 具体实施步骤

步骤 1 在二层交换机 SW2_A 上创建 VLAN，并把相应的端口加入到 VLAN 中。

S2126_01＞enable

S2126_01#config t

S2126_01(config)#hostname SW2_A　　　　　　　　　　　　//设备命名为 SW2_A

SW2_A(config)#vlan 10

SW2_A(config-vlan)#exit

SW2_A(config)#vlan 20

SW2_A(config-vlan)#exit

SW2_A(config)#interface fastEthernet 0/10

SW2_A(config-if)#switchport access vlan 10　　　　　　//将 F0/10 端口加入到 VLAN 10 中

SW2_A(config-if)#exit

SW2_A(config)#interface fastEthernet 0/20

```
SW2_A(config-if)#switchport access vlan 20          //将 F0/20 端口加入到 VLAN 20 中
SW2_A(config-if)#exit
```

步骤 2 在二层交换机 **SW2_A** 上创建聚合端口 **1**，并把 **F0/1** 和 **F0/2** 端口加入到聚合端口中。

```
SW2_A(config)#interface aggregatePort 1             //创建聚合端口 1
SW2_A(config-if)#switchport mode trunk              //将聚合端口模式设置为 Trunk 模式
SW2_A(config-if)#exit
SW2_A(config)#interface range fastEthernet 0/1-2
SW2_A(config-if-range)#port-group 1                 //将端口 F0/1 和 F0/2 加入到聚合端口 1 中
SW2_A(config-if-range)#end                          //直接退回到特权模式
SW2_A#show vlan                                     //查看 SW2_A 的 VLAN 信息
VLAN Name              Status       Ports
-------------------------------------------------------------
1    default           active       Fa0/1 ,Fa0/2 ,Fa0/3
                                    Fa0/4 ,Fa0/5 ,Fa0/6
                                    Fa0/7 ,Fa0/8 ,Fa0/9
                                    Fa0/11,Fa0/12,Fa0/13
                                    Fa0/14,Fa0/15,Fa0/16
                                    Fa0/17,Fa0/18,Fa0/19
                                    Fa0/21,Fa0/22,Fa0/23
                                    Fa0/24,Ag1
10   VLAN0010          active       Fa0/10,Ag1
20   VLAN0020          active       Fa0/20,Ag1
SW2_A#show aggregatePort 1 summary                  //在 SW2_A 上查看聚合端口 1 的信息
AggregatePort    MaxPorts     SwitchPort    Mode      Ports
-------------------------------------------------------------
Ag1              8            Enabled       Trunk     Fa0/1 , Fa0/2
```

步骤 3 在三层交换机 **SW3** 上创建聚合端口 **1**，并把 **F0/1** 和 **F0/2** 端口加入到聚合端口中。

```
S3760_01>enable
S3760_01#config t
S3760_01(config)#hostname SW3                                    //设备命名为 SW3
SW3(config)#interface aggregateport 1                            //创建聚合端口 1
SW3(config-if-AggregatePort 1)#switchport mode trunk             //将聚合端口模式设置为 Trunk
SW3(config-if-AggregatePort 1)#exit
SW3(config)#interface range f0/1-2
SW3(config-if-range)#port-group 1                                //将端口 F0/1 和 F0/2 加入到聚合端口 1 中
SW3(config-if-range)#end
SW3#show aggregatePort 1 summary                                 //在 SW3 上查看聚合端口 1 的信息
AggregatePort    MaxPorts     SwitchPort    Mode      Ports
-------------------------------------------------------------
Ag1              8            Enabled       Trunk     Fa0/1 , Fa0/2
```

步骤 4 在三层交换机 SW3 上创建 VLAN，并设置 SVI 的地址和端口 F0/23、F0/24 的地址。

```
SW3#config t
SW3(config)#vlan 10
SW3(config-vlan)#exit
SW3(config)#vlan 20
SW3(config-vlan)#exit
SW3(config)#interface vlan 10                                           //为 VLAN 10 配置 SVI 地址
SW3(config-if-VLAN 10)#ip address 192.168.10.254 255.255.255.0
SW3(config-if-VLAN10)#exit
SW3(config)#interface vlan 20                                           //为 VLAN 20 配置 SVI 地址
SW3(config-if-VLAN 20)#ip address 192.168.20.254 255.255.255.0
SW3(config-if-VLAN 20)#exit
SW3(config)#interface fastEthernet 0/23                                 //为端口 F0/23 配置 IP 地址
SW3(config-if-FastEthernet 0/23)#no switchport                          //端口开启路由模式
SW3(config-if-FastEthernet 0/23)#ip address 192.168.30.254 255.255.255.0
SW3(config-if-FastEthernet 0/23)#no shutdown                            //激活端口
SW3(config-if-FastEthernet 0/23)#exit
SW3(config)#interface fastEthernet 0/24                                 //为端口 F0/24 配置 IP 地址
SW3(config-if-FastEthernet 0/24)#no switchport    //端口开启路由模式
SW3(config-if-FastEthernet 0/24)#ip address 172.16.1.1 255.255.255.0
SW3(config-if-FastEthernet 0/24)#no shutdown                            //激活端口
SW3(config-if-FastEthernet 0/24)#end
SW3#show vlan                                                           //查看 SW3 的 VLAN 信息
```

VLAN	Name	Status	Ports
1	VLAN0001	STATIC	Fa0/3, Fa0/4, Fa0/5, Fa0/6
			Fa0/7, Fa0/8, Fa0/9, Fa0/10
			Fa0/11, Fa0/12, Fa0/13, Fa0/14
			Fa0/15, Fa0/16, Fa0/17, Fa0/18
			Fa0/19, Fa0/20, Fa0/21, Fa0/22
			Gi0/25, Gi0/26, Gi0/27, Gi0/28
			Ag1
10	VLAN0010	STATIC	Ag1
20	VLAN0020	STATIC	Ag1

```
SW3#show ip interface brief                                             //查看 SW3 的 IP 地址信息
```

Interface	IP-Address(Pri)	OK?	Status
FastEthernet 0/23	192.168.30.254/24	YES	UP
FastEthernet 0/24	172.16.1.1/24	YES	UP
VLAN 10	192.168.10.254/24	YES	UP
VLAN 20	192.168.20.254/24	YES	UP

步骤5 在内网路由器 R1 上配置端口 IP 地址和时钟频率。

```
Ruijie>enable
Ruijie#config t
Ruijie(config)#hostname R1                                          //设备命名为 R1
R1(config)# interface fastEthernet 0/1                              //为端口 F0/1 配置 IP 地址
R1(config-if-FastEthernet 0/1)# ip address 172.16.1.2 255.255.255.0
R1(config-if-FastEthernet 0/1)# no shutdown                         //激活端口
R1(config-if-FastEthernet 0/1)# exit
R1(config)# int serial 3/0                                          //为端口 S3/0 配置 IP 地址
R1(config-if-Serial 3/0)# ip address 66.66.66.1 255.255.255.0
R1(config-if-Serial 3/0)# clock rate 64000                          //DCE 端配置时钟频率
R1(config-if-Serial 3/0)# no shutdown                               //激活端口
R1(config-if-Serial 3/0)# end
R1# show ip int b                                                   //查看 R1 的 IP 地址信息
Interface              IP-Address(Pri)        OK?    Status
Serial 3/0             66.66.66.1/24          YES    UP
FastEthernet 0/0       no address             YES    DOWN
FastEthernet 0/1       172.16.1.2/24          YES    UP
```

步骤6 在外网路由器 R2 上配置端口 IP 地址,并配置单臂路由协议,实现外网 PC3 访问外网的 WEB 和 FTP 服务器功能。

```
Ruijie>enable
Ruijie#config t
Ruijie(config)#hostname R2                                          //设备命名为 R2
R2(config)# int serial 3/0                                          //为端口 S3/0 配置 IP 地址
R2(config-if-Serial 3/0)# ip address 66.66.66.2 255.255.255.0
R2(config-if-Serial 3/0)# no shutdown                               //激活端口
R2(config-if-Serial 3/0)# exit
R2(config)# interface fastEthernet 0/0                              //为端口 F0/0 配置 IP 地址
R2(config-if-FastEthernet 0/0)# ip address 111.111.111.1 255.255.255.0
R2(config-if-FastEthernet 0/0)# no shutdown                         //激活端口
R2(config-if-FastEthernet 0/0)# exit
R2(config)# in fastEthernet 0/1                                     //为端口 F0/1 配置 IP 地址
R2(config-if-FastEthernet 0/1)# no shutdown                         //激活端口
R2(config-if-FastEthernet 0/1)# exit
R2(config)# interface fastEthernet 0/1.100                          //创建子接口 F0/1.100
R2(config-subif)# encapsulation dot1Q 100                           //将子接口封装为 802.1q,关联 VLAN 100
R2(config-subif)# ip address 200.96.10.1 255.255.255.0              //为子接口 F0/1.100 配置 IP 地址
R2(config-subif)# no shutdown
R2(config-subif)# exit
R2(config)# interface fastEthernet 0/1.200                          //创建子接口 F0/1.200
R2(config-subif)# encapsulation dot1Q 200                           //将子接口封装为 802.1q,关联 VLAN 200
```

```
R2(config-subif)# ip address 200.96.20.1 255.255.255.0    //为子接口 F0/1.200 配置 IP 地址
R2(config-subif)# no shutdown
R2(config-subif)# end
R2# show ip int b                                          //查看 R2 的 IP 地址信息
Interface                IP-Address(Pri)      OK?    Status
Serial 3/0               66.66.66.2/24        YES    UP
Serial 4/0               no address           YES    DOWN
FastEthernet 0/0         111.111.111.1/24     YES    UP
FastEthernet 0/1.200     200.96.20.1/24       YES    UP
FastEthernet 0/1.100     200.96.10.1/24       YES    UP
FastEthernet 0/1         no address           YES    DOWN
```

步骤 7 在外网的二层交换机 SW2_B 上创建 VLAN，并把相应端口加入 VLAN 中。

```
S2126_02>en
S2126_02#config t
S2126_02(config)# hostname SW2_B                           //设备命名为 R2
SW2_B(config)# vlan 100                                    //创建 VLAN 100
SW2_B(config-vlan)# exit
SW2_B(config)# vlan 200                                    //创建 VLAN 200
SW2_B(config-vlan)# exit
SW2_B(config)# interface fastEthernet 0/2
SW2_B(config-if)# switchport access vlan 100               //将 F0/2 端口加入到 VLAN 100 中
SW2_B(config-if)# exit
SW2_B(config)# interface fastEthernet 0/3
SW2_B(config-if)# switchport access vlan200                //将 F0/3 端口加入到 VLAN 200 中
SW2_B(config-if)# exit
SW2_B(config)# interface fastEthernet 0/1
SW2_B(config-if)# switchport mode trunk                    //将 F0/1 端口设置为 Trunk 模式
SW2_B(config-if)# end
SW2_B# show vlan                                           //查看 SW2_B 的 VLAN 信息
VLAN  Name        Status     Ports
---------------------------------------------------------------
1     default     active     Fa0/1 ,Fa0/4 ,Fa0/5
                             Fa0/6 ,Fa0/7 ,Fa0/8
                             Fa0/9 ,Fa0/10,Fa0/11
                             Fa0/12,Fa0/13,Fa0/14
                             Fa0/15,Fa0/16,Fa0/17
                             Fa0/18,Fa0/19,Fa0/20
                             Fa0/21,Fa0/22,Fa0/23
                             Fa0/24
100   VLAN0100    active     Fa0/1 ,Fa0/2
200   VLAN0200    active     Fa0/1 ,Fa0/3
```

项目十二　中小型企业网络构建与调试

步骤 8　为 PC3 和 PC4 设置 IP 地址和网关等参数，测试 PC3 和 PC4 是否能够通信。如图 12.2 至图 12.4 所示。

图 12.2　为 PC3 设置 IP 地址

图 12.3　为 PC4 设置 IP 地址

图 12.4　PC4 可以访问 PC3

步骤 9　在内网的三层交换机 SW3 上配置默认路由，将所有数据包发给 R1 的 F0/1 端口。

```
SW3#config t
SW3(config)#ip route 0.0.0.0 0.0.0.0 172.16.1.2                //SW3 上配置默认路由
SW3(config)#exit
SW3#show ip route                                              //在 SW3 查看路由信息
Codes：C-connected，S-static，R-RIP，B-BGP
       O-OSPF，IA-OSPF inter area
       N1-OSPF NSSA external type 1，N2-OSPF NSSA external type 2
       E1-OSPF external type 1，E2-OSPF external type 2
       i-IS-IS，su-IS-IS summary，L1-IS-IS level-1，L2-IS-IS level-2
       ia-IS-IS inter area，*-candidate default
```

```
Gateway of last resort is172.16.1.2 to network 0.0.0.0
S*      0.0.0.0/0 [1/0] via172.16.1.2
C       172.16.1.0/24 is directly connected, FastEthernet 0/24
C       172.16.1.1/32 is local host.
C       192.168.10.0/24 is directly connected, VLAN 10
C       192.168.10.254/32 is local host.
C       192.168.20.0/24 is directly connected, VLAN 20
C       192.168.20.254/32 is local host.
C       192.168.30.0/24 is directly connected, FastEthernet 0/23
C       192.168.30.254/32 is local host.
```

步骤 10　在内网路由器 R1 上配置静态路由和默认路由。

```
R1(config)#ip route 192.168.10.0 255.255.255.0 172.16.1.1
R1(config)#ip route 192.168.20.0 255.255.255.0 172.16.1.1
R1(config)#ip route 192.168.30.0 255.255.255.0 172.16.1.1
R1(config)#ip route 0.0.0.0 0.0.0.0 66.66.66.2          //配置默认路由,将数据包发给 R2 的 S3/0
R1(config)#exit
R1#show ip route                                        //在 R1 上查看路由信息
Codes: C-connected, S-static, R-RIP, B-BGP
       O-OSPF, IA-OSPF inter area
       N1-OSPF NSSA external type 1, N2-OSPF NSSA external type 2
       E1-OSPF external type 1, E2-OSPF external type 2
       i-IS-IS, su-IS-IS summary, L1-IS-IS level-1, L2-IS-IS level-2
       ia-IS-IS inter area, *-candidate default
Gateway of last resort is 66.66.66.2 to network 0.0.0.0
S*      0.0.0.0/0 [1/0] via 66.66.66.2
C       172.16.1.0/24 is directly connected, FastEthernet 0/1
C       172.16.1.2/32 is local host.
C       66.66.66.0/24 is directly connected, Serial 3/0
C       66.66.66.1/32 is local host.
S       192.168.10.0/24 [1/0] via172.16.1.1
S       192.168.20.0/24 [1/0] via172.16.1.1
S       192.168.30.0/24 [1/0] via172.16.1.1
```

步骤 11　在内网路由器 R1 上配置 DHCP 服务,配置分配 PC1 的 IP 网段、网关地址。

```
R1#conf t
R1(config)#service dhcp                                 //R1 开启 DHCP 服务
R1(config)#ip dhcp pool sxvtc                           //创建名为 sxvtc 的 DHCP 地址池
R1(dhcp-config)#network 192.168.10.0 255.255.255.0      //分配给 PC1 的网段地址
R1(dhcp-config)#default-router 192.168.10.254           //配置分配给 PC1 的默认网关
R1(dhcp-config)#exit
```

步骤 12　在 SW3 上开启 DHCP 中继,使 PC1 能够自动获取到 IP 地址。

```
SW3#conf t
```

```
SW3(config)#service dhcp                                    //SW3 开启 DHCP 服务
SW3(config)#int vlan 10                                     //进入 SW3 的 SVI 10 端口模式
SW3(config-if-VLAN 10)#ip helper-address172.16.1.2          //SW3 中继 DHCP 服务器地址
SW3(config-if-VLAN 10)#exit
```

步骤 13　为 PC1 和 PC2 设置 IP 地址和网关等参数,测试 PC1 和 PC2 是否能够通信。如图 12.5 至图 12.8 所示。

图 12.5　PC1 设置为自动获取 IP 地址

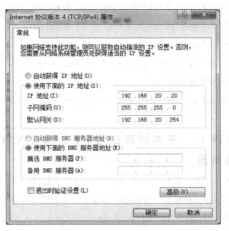

图 12.6　PC2 设置静态 IP 地址

图 12.7　PC1 获取到 IP 地址

图 12.8　PC1 和 PC2 相互通信

步骤 14　为 R1 和 R2 配置 CHAP 双向认证,采用对方名称为用户名,密码为 123123。

```
R1#config t
R1(config)#int serial 3/0
R1(config-if-Serial 3/0)#encapsulation ppp                  //R1 的 S3/0 端口封装为 PPP 协议
R1(config-if-Serial 3/0)#ppp authentication chap            //R1 开启 CHAP 认证
R2(config-if-Serial 3/0)#exit
R1(config)#username R2 password 123123                      //创建验证用户的用户名和密码
```

在 R2 上配置:

```
R2#config t
R2(config)#int serial 3/0
R1(config-if-Serial 3/0)#encapsulation ppp                  //R2 的 S3/0 端口封装为 PPP 协议
R1(config-if-Serial 3/0)#ppp authentication chap            //R2 开启 CHAP 认证
```

R2(config-if-Serial 3/0)#exit
R2(config)#username R1 password 123123　　　　　　　　//创建验证用户的用户名和密码

步骤 15　在内网路由器 R1 上配置静态 NAT 转换将内网 FTP 服务器发布到 Internet 上。

R1#config t
R1(config)#interface fastEthernet 0/1
R1(config-if-FastEthernet 0/1)#ip nat inside　　　　　　//将 R1 的 F0/1 端口设为内部端口
R1(config-if-FastEthernet 0/1)#exit
R1(config)#interface serial 3/0
R1(config-if-Serial 3/0)#ip nat outside　　　　　　　　//将 R1 的 S3/0 端口设为外部端口
R1(config-if-Serial 3/0)#exit
R1(config)#ip nat inside source static 192.168.30.30 66.66.66.1
　　　　　　　　　　　　　　　　　　//R1 使用静态 NAT 将内网 WEB 服务器发布到广域网中

步骤 16　在内网路由器 R1 上配置 NAPT 使内网 PC1 和 PC2 可以访问外网的 WEB 和 FTP 服务器。

R1(config)#access-list 1 permit 192.168.10.0 0.0.0.255　　//定义 PC1 所在的网段
R1(config)#access-list 1 permit 192.168.20.0 0.0.0.255　　//定义 PC2 所在的网段
R1(config)#ip nat pool sxvtc 66.66.66.1 66.66.66.1 netmask 255.255.255.0
　　　　　　　　　　　　　　　　　　//定义 NAPT 转换后的外网地址池
R1(config)#ip nat inside source list 1 pool sxvtc overload　　//使用 NAPT 技术进行地址转换

R1 配置好 NAPT 后，PC1 和 PC2 能够与 IP 地址为 200.96.10.10 的外网 WEB、FTP 服务器相互通信。如图 12.9 和图 12.10 所示。

图 12.9　PC1 与外网服务器相互通信　　　　图 12.10　PC2 与外网服务器相互通信

步骤 17　在内网路由器 R1 使用访问控制列表，不允许内网计算机 PC2 访问外网的 WEB 服务器，只能访问内部和外网 FTP 服务器。

R1#config t
R1(config)#access-list 100 deny tcp 192.168.20.0 0.0.0.255 host 200.96.10.10 eq www
　　　　　　　　　　//定义扩展访问控制列表 100,拒绝 PC2 所在的网段访问外网服务器的 WEB 服务
R1(config)#access-list 100 permit ip any any　　　　//允许其他所有 IP 数据包通过
R1(config)#interface fastEthernet 0/1
R1(config-if-FastEthernet 0/1)#ip access-group 100 in　//在端口 F0/1 的进（in）方向绑定 R1
(config-if-FastEthernet 0/1)#end

步骤 18　在局域网 WEB 服务器、广域网 WEB、FTP 服务器上设置 IP 地址。如图 12.11 和图 12.12 所示。

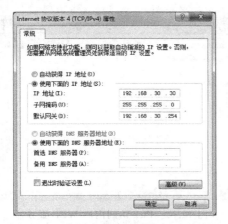 

图 12.11　内网 WEB 服务器 IP 地址配置　　图 12.12　外网 WEB 和 FTP 服务器 IP 地址配置

步骤 19　在局域网服务器上发布 WEB 服务，在广域网服务器发布 WEB 和 FTP 服务。如图 12.13 至图 12.16 所示。

图 12.13　内网服务器发布 WEB 服务　　　　图 12.14　外网服务器发布 WEB 服务

图 12.15　外网服务器发布 FTP 服务　　　　图 12.16　外网服务器发布 FTP 服务

步骤 20 在内网计算机 PC1 和 PC2 上测试访问内网的 FTP 服务器和外网的 WEB、FTP 服务器。如图 12.17 至图 12.22 所示。

图 12.17　PC1 访问内网 WEB 服务器

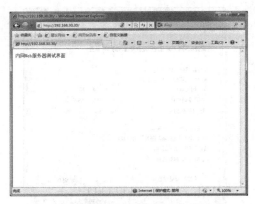

图 12.18　PC2 访问内网 WEB 服务器

图 12.19　PC1 访问外网 WEB 服务器

图 12.20　PC2 访问外网 WEB 服务器

图 12.21　PC1 访问外网 FTP 服务器

图 12.22　PC2 访问外网 FTP 服务器

步骤 21　在外网计算机 PC3 和 PC4 上测试访问公司内部网络的 WEB 服务器和外网 WEB、FTP 服务器。如图 12.23 至图 12.28 所示。

图 12.23　PC3 访问内网 WEB 服务器　　　　图 12.24　PC4 访问内网 WEB 服务器

图 12.25　PC3 访问外网 FTP 服务器　　　　图 12.26　PC4 访问外网 FTP 服务器

图 12.27　PC3 访问外网 WEB 服务器　　　　图 12.28　PC4 访问外网 WEB 服务器

附 录

Packet Tracer 模拟器的使用

一、Packet Tracer 模拟器介绍

Packet Tracer 是由 Cisco 公司发布的一个辅助学习工具，为学习 CCNA 课程的网络初学者去设计、配置、排除网络故障提供了网络模拟环境。学生可在软件的图形用户界面上直接使用拖曳方法建立网络拓扑，软件中实现的 IOS 子集允许学生配置设备，并可提供数据包在网络中行进的详细处理过程，观察网络实时运行情况。

Packet tracer 的使用

二、Packet Tracer 模拟器的安装与设置

1. 用鼠标双击程序安装包 Packet Tracer 6.0.exe,打开安装界面 1,如图 1 所示。点击"Next"按钮进入安装界面 2,如图 2 所示。

图 1　Packet Tracer 6.0 安装界面 1

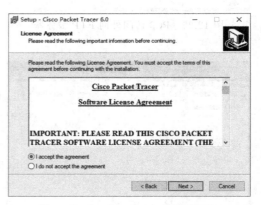

图 2　Packet Tracer 6.0 安装界面 2

2. 在安装界面 2 选择"I accept the agreement",然后点击"Next"按钮,进入安装界面 3,如图 3 所示。如果需要更改安装路径,我们可以在安装界面 3 点击"Browse"浏览按钮来选择安装路径,然后再点击"Next"按钮。一般我们都选择默认安装,直接点击"Next"按钮,进入安装界面 4,如图 4 所示。

附　录　Packet Tracer 模拟器的使用

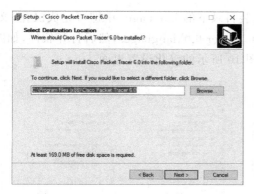

图 3　Packet Tracer 6.0 安装界面 3

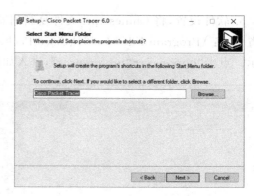

图 4　Packet Tracer 6.0 安装界面 4

3. 如果需要选择不同的文件夹,在安装界面 4 中点击"Browse"浏览按钮来选择安装文件夹。不需要则直接点击"Next"按钮,进入安装界面 5,如图 5 所示。根据个人需要在安装界面 5 中,选择创建桌面图标和快速启动图标,点击"Next"按钮,进入安装界面 6,如图 6 所示。

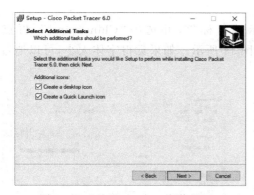

图 5　Packet Tracer 6.0 安装界面 5

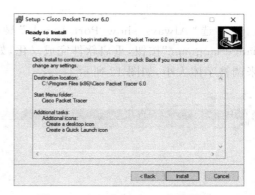

图 6　Packet Tracer 6.0 安装界面 6

4. 在安装界面 6 中,点击"Install"安装按钮进入安装界面 7,如图 7 所示,等进度条走完后,进入安装界面 8,如图 8 所示,点击"Finish"按钮完成安装。

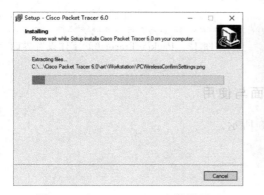

图 7　Packet Tracer 6.0 安装界面 7

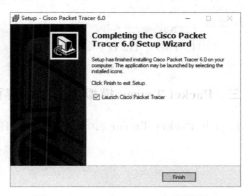

图 8　Packet Tracer 6.0 安装界面 8

5. 软件设置，将 Chinese.ptl 文件复制到安装目录下的 languages 中即可完成汉化，文件位置为 C：\Program Files（x86）\Cisco Packet Tracer 6.0\languages，然后打开软件，如图 9 所示。点击"options"→"preferences"，进入如图 10 所示的汉化设置界面。

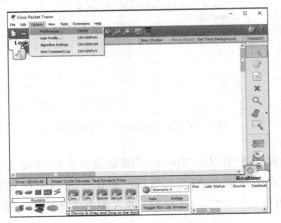

图 9　Packet Tracer 6.0 运行界面

图 10　Packet Tracer 6.0 汉化设置界面

6. 勾选"Always show Port Labels"显示端口标签，并选中"Chinese.ptl"，再点击"change language"按钮，重启软件完成汉化，如图 11 所示。如果觉得字体太小，可以通过设置来调整字体大小，如图 12 所示。

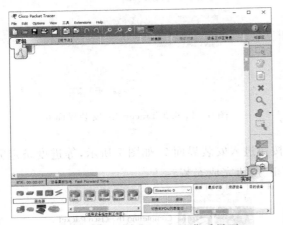

图 11　Packet Tracer 6.0 汉化后界面

图 12　Packet Tracer 6.0 字体设置界面

三、Packet Tracer 模拟器的基本界面与使用

1. 打开 Packet Tracer 6.0 时界面如图 13 所示。

附 录　Packet Tracer 模拟器的使用

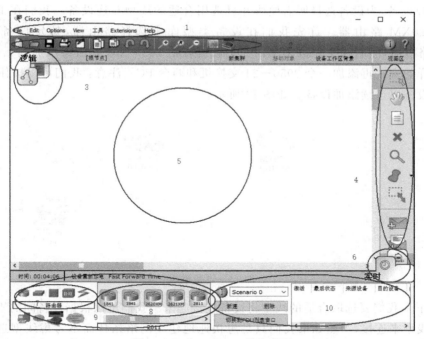

图 13　Packet Tracer 基本界面

Packet Tracer 6.0 各区域的功能作用如表 1 所示。

表 1　Packet Tracer 基本界面介绍

1	菜单栏	此栏中有文件、选项和帮助按钮,在此可以找到一些基本的命令如打开、保存、打印和选项设置,还可以访问活动向导。
2	主工具栏	此栏提供了文件按钮中命令的快捷方式,还可以点击右边的网络信息按钮,为当前网络添加说明信息。
3	逻辑/物理工作区转换栏	可以通过此栏中的按钮完成逻辑工作区和物理工作区之间的转换。
4	常用工具栏	此栏提供了常用的工作区工具,包括:选择、整体移动、备注、删除、查看、添加简单数据包和添加复杂数据包等。
5	工作区	此区域中可以创建网络拓扑,监视模拟过程查看各种信息和统计数据。
6	实时/模拟转换栏	可以通过此栏中的按钮完成实时模式和模拟模式之间的转换。
7	网络设备库	该库包括设备类型库和特定设备库。
8	设备类型库	此库包含不同类型的设备如,路由器、交换机、HUB、无线设备、连线、终端设备和网云等。
9	特定设备库	此库包含不同设备类型中不同型号的设备,它随着设备类型库的选择级联显示。
10	用户数据包窗口	此窗口管理用户添加的数据包。

2. 选择设备,为设备选择所需模块并且选用合适的线型互连设备。我们在工作区中添加一个 2620XM 路由器。首先我们在设备类型库中选择路由器,特定设备库中单击 2620XM 路由器,然后在工作区中单击一下就可以把 2620 XM 路由器添加到工作区中了。我们用同样的方式再添加一个 2950—24 交换机和两台 PC。注意:我们可以按住 Ctrl 键再单击相应设备以连续添加设备。如图 14 所示。

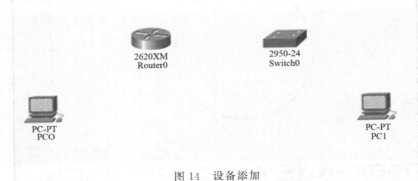

图 14　设备添加

3. 接下来我们要选取合适的线型将设备连接起来。我们可以根据设备间的不同接口选择特定的线型来连接,当然如果我们只是想快速地建立网络拓扑而不考虑线型选择时我们可以选择自动连线,如图 15 所示。

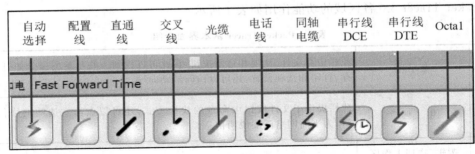

图 15　线型介绍

4. 在正常连接 Router0 和 PC0 后,我们会看到两个设备处都会出现一小红点,再连接 Router0 和 Switch0,发现路由器没有出现小红点,如图 16 所示。

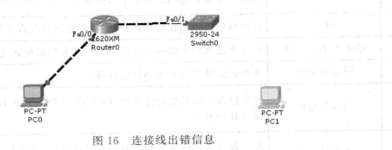

图 16　连接线出错信息

出错的原因是 Router 上没有合适的端口。如图 17 所示。

默认的 2620 XM 有三个端口,刚才连接 PC0 已经被占去了 ETHERNET 0/0,Console 口

图 17　Cisco2620 XM 的接口面板

和 AUX 口自然不是连接交换机的,所以会出错,因此我们在设备互连前要添加所需的模块(添加模块时注意要关闭电源)。我们为 Router0 添加 NM-4E 模块(将模块添加到空缺处,删除模块时将模块拖回到原处即可)。模块化的特点增强了 Cisco 设备的可扩展性。我们继续完成连接,如图 18 所示。

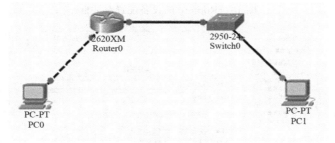

图 18　设备连接

我们看到各线缆两端有不同颜色的圆点,它们分别表示的含义见表 2,线缆两端圆点的不同颜色将有助于我们进行连通性的故障排除。

表 2　线缆两端亮点含义

链路圆点的状态	含义
亮绿色	物理连接准备就绪,还没有 Line Protocol status 的指示
闪烁的绿色	连接激活
红色	物理连接不通,没有信号
黄色	交换机端口处于"阻塞"状态

5. 配置不同设备。

我们配置一下 Router0,在 Router0 上单击打开设备配置对话框,如图 19 所示。

物理选项卡用于添加端口模块,刚刚我们已经介绍过了,至于各模块的详细信息,可以参考帮助文件。

配置选项卡给我们提供了简单配置路由器的图形化界面,如图 20 所示。在这里我们可以配置全局信息,路由信息和端口信息。当你进行某项配置时下面会显示相应的命令。这是 Packer Tracer 中的快速配置方式,主要用于简单配置,将注意力集中在配置项和参数上,实际设备中没有这样的方式。

图 19　Router0 的设备配置对话框

图 20　Router0 的配置选项卡

对应的命令行选项卡则是在命令行模式下对 Router0 进行配置，这种模式和实际路由器的配置环境相似，如图 21 所示。

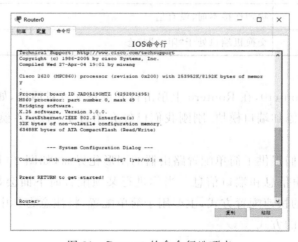

图 21　Router0 的命令行选项卡

下面我们来看一下终端设备的配置,单击 PC0 打开配置对话框,打开桌面选项卡,如图 22 所示。

图 22　终端设备的桌面

如需要配置 IP 地址和默认网关为 192.168.1.1,255.255.255.0,192.168.1.2。我们可以在桌面选项卡中的 IP 配置里完成默认网关和 IP 地址的设置,如图 23 所示。终端选项模拟一个超级终端对路由器或者交换机进行配置。命令提示符相当于计算机中的命令窗口。

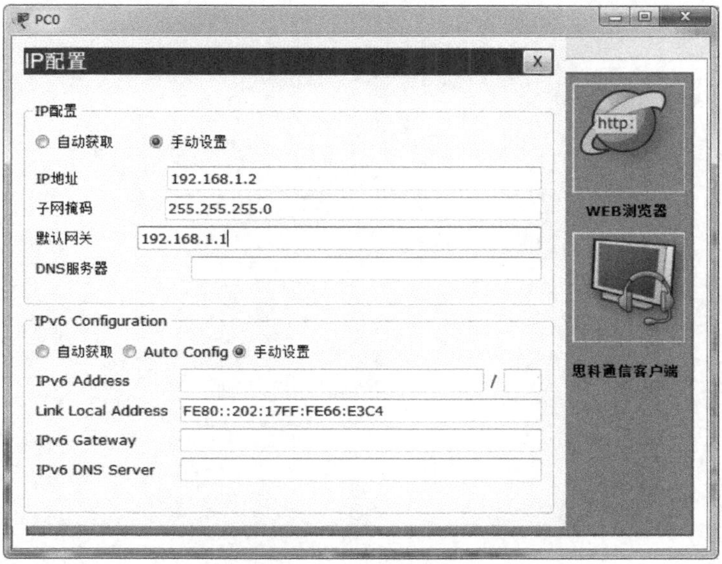

图 23　IP 地址配置

这里我们简要介绍了一下使用 Packet Tracer 6.0 时进行的基本操作。更详细的介绍,大家可以在帮助文件中找到。

参考文献

[1] 史振华. 网络设备配置实训教程[M]. 浙江：浙江大学出版社,2012

[2] 张国清. 网络设备配置与调试项目实训[M]. 第3版. 北京：电子工业出版社,2015

[3] 陈颜. 网络设备安装与调试(思科版)[M]. 北京：电子工业出版社,2018

[4] 谢希仁. 计算机网络[M]. 第7版. 北京：电子工业出版社,2017

[5] Andrew S. Tanenbaum. 计算机网络[M]. 第5版. 潘爱民,译. 北京：清华大学出版社,2012

[6] Todd Lammle. CCNA学习指南[M]. 第7版. 北京：人民邮电出版社,2012